艺术与设计系列

INTRODUCTION TO ENVIRONMENTAL ART DESIGN

环境艺术设计概论

王志鸿　主编
牛海涛　周传旋　参编

中国电力出版社
CHINA ELECTRIC POWER PRESS

内容提要

本书带着整体性眼光，针对环境艺术所有专业相关课程而编著，旨在为广大读者提供环境艺术设计方面的知识和理论。本教材对环境艺术设计的定义、现状和发展前景进行了细致描述，通过概念清晰的图表、插画、图解、引文等方式来编写此书。书中大部分内容来源于教学实践的精髓，也综合了国内外相关教材的著名论述，无论是作为教学教材，还是作为相关从业人员的业余读物，都具有良好的指导教学性与阅读性。另外，本书在介绍基本内容的同时，还搜罗了国内外著名环境艺术设计案例，并在文中进行专业性的点评，给扩展专业眼界带来益处。同时，本书对环境艺术专业现状做了详细分析，对从事相关行业的从业人员具有指导性意义。因此，本书不但适用于普通高等院校环境艺术设计的教学教材使用，还可以作为从事相关行业人员的参考用书。

图书在版编目（CIP）数据

环境艺术设计概论／王志鸿主编．—北京：中国电力出版社，2020.1（2023.8重印）
（艺术与设计系列）
ISBN 978-7-5198-3754-9

Ⅰ.①环… Ⅱ.①王… Ⅲ.①环境设计－概论 Ⅳ.①TU-856

中国版本图书馆CIP数据核字（2019）第218872号

出版发行：中国电力出版社
地　　址：北京市东城区北京站西街19号（邮政编码100005）
网　　址：http://www.cepp.sgcc.com.cn
责任编辑：王　倩　乐　苑（010-63412607）
责任校对：黄　蓓　朱丽芳
装帧设计：张俊霞
责任印制：杨晓东

印　刷：北京九天鸿程印刷有限责任公司
版　次：2020年1月第一版
印　次：2023年8月北京第三次印刷
开　本：889毫米×1194毫米　16开本
印　张：8.5
字　数：225千字
定　价：58.00元

前　言
PREFACE

环境艺术设计是我国近几年崛起的新兴专业，各个高等院校相继开展环境艺术设计学科课程。虽然我国已有大量环境艺术实践，但是环境艺术作为一个行业和学科，尚没有公认的行业标准、行业规范，更没有进行相应的学科理论建设，目前处于“有行无思”“有行无业”这种尚未成熟的状态。

与此同时，环境的“可持续发展”“以人为本”“历史传承”等问题，尚未得到有效的解决。这也是环境艺术发展中的弊端。环境艺术设计正面临着新时代的挑战——“自身的革命”，社会结构和技术领域的重大变革，使人们的思维方式和实践方式产生了变化，环境艺术设计将是建筑学与美学、技术与艺术、产业与文化在工业文明背景下的高度融合。

由于城市公共环境艺术的特殊性，其主角是建筑、城市空间、构成建筑与城市空间的材料、结构骨架、立意等。因此，设计师、建筑师和规划师在环境艺术设计中的主导作用就显得格外重要。同时我们也应该充分重视环境艺术设计中的专业人才在城市公共环境艺术设计中的主导作用。

当下，环境与人的相互作用越来越显著，人设计和创造环境，环境又反过来影响和指导人的行为。以人为本的思想已成为环境艺术设计最重要的价值取向和审美原则。作为设计者，我们必须努力把握所处时代的美学特征、文化倾向，并努力理解整个人类和社会，才能熟练驾驭蕴含着丰富文化内容的艺术化处理方法。同时我们还要尊重环境和客观规律的发展，尊重与人有关的一切因素。

为此，全书旨在讲解环境艺术设计的基础理论知识与专业技能，强调图纸的规范与设计方法，注重对设计师的职业素质、思维创新能力的培养。本书详细讲解了环境艺术设计相关理论与实践等多方面的知识要点，对环境艺术设计的历史与发展、理论与设计原则、环境空间设计、人体工程学、环境设计心理学、设计技术、实践等进行了深入浅出的讲解。书中融入了当今环境艺术设计领域中的新观念、新理论、新技术，采用图文并茂的编写方式，运用环境艺术设计行业的优秀设计成果作为案例，具有良好的指导教学作用。同时，从教学实际出发，本书适用面广，是一本既包含系统的学术研究成果，又贴近新世纪设计教学实践的权威教材。

本书在编写的过程中得到了以下人员的帮助，在此表示感谢。湛慧、万丹、汤留泉、董豪鹏、曾庆平、杨清、万阳、张慧娟、彭尚刚、黄溜、张达、童蒙、柯玲玲、李文琪、金露、张泽安、万财荣、杨小云、吴翰、董雪、丁嘉慧、黄缘、刘洪宇、张风涛、杜颖辉、肖洁茜、谭俊洁、程明、彭子宜、李紫瑶、王灵毓、李婧妤、张伟东、聂雨洁、于晓萱、宋秀芳、蔡铭、毛颖、任瑜景、吕静、赵银洁。

本书配有课件文件，可联系出版社（电话：010-63412607）获取。

编者

目　录
CONTENTS

前　言

第一章　环境艺术设计　6
第一节　设计是什么　7
第二节　环境艺术设计概述　11
第三节　环境艺术设计的属性与特征　12
第四节　环境艺术设计教育　19
第五节　案例解析：环境艺术设计的个性化解析　23

第二章　环境艺术设计的历史与发展　25
第一节　环境艺术设计的起源　26
第二节　国内环境艺术设计　34
第三节　国外环境艺术设计　40
第四节　案例解析：中国传统生态环境保护理念　47

第三章　环境艺术设计理论与设计原则　50
第一节　环境艺术设计理论基础　51
第二节　环境艺术设计形态要素　55
第三节　环境艺术设计形式法则　61
第四节　环境艺术设计原则　65
第五节　案例解析：环境艺术设计色彩分析　68

第四章　环境艺术设计实践　72
第一节　环境艺术设计事务　73
第二节　环境艺术设计创作特征　79
第三节　环境艺术设计师的现状与职业素养　84
第四节　环境艺术设计评估标准　88
第五节　案例解析：环境艺术设计美学特征分析　89

第五章　环境艺术设计　91
第一节　环境空间类型　92
第二节　空间设计原则　95
第三节　空间组合设计　97
第四节　案例解析：空间设计案例分析　100

第六章　人体工程学、心理学与环境设计　103
第一节　人体工程学概念　104
第二节　人体工程学与环境艺术设计　105
第三节　心理学与环境空间应用　108
第四节　案例解析：景观设计心理学分析　114

第七章　环境艺术设计技术　117
第一节　设计技术种类　118
第二节　装饰材料选用　121
第三节　生产与施工技术　123
第四节　设计与施工管理　125
第五节　案例解析：室内设计材料分析　127

第八章　环境艺术设计案例赏析　129
第一节　室内环境设计案例　130
第二节　室外环境设计案例　131
第三节　建筑环境设计案例　132

参考文献　134

第一章

环境艺术设计

识读难度： ★☆☆☆☆

重点概念： 环境艺术设计、概念、属性与特征、教学与案例

章节导读： 环境艺术设计是与人们关系最密切、接触最广泛、影响最深远的一门艺术学科，也是一门新兴的艺术设计门类。其涉猎的专业十分广泛，其中有建筑设计、室内设计、景观设计、公共艺术设计等学科。其主要研究对象是与人们的生活活动最为密切相关的室内外空间。环境艺术设计讲究"艺术"与"功能"的有机结合（图1-1），即设计作品要兼具审美价值与附加价值。正是由于其艺术性与功能性，环境艺术设计不仅需要遵循美学艺术原理，还需要运用物质技术手段。

图1-1 泰姬陵

原是印度国王给思想患病的宠妃修建的陵墓，如今也是世界风景名胜区之一。建筑与周围的景致和谐对称，花园和水中倒影融合在一起，创造了令无数参观者惊叹不已的世界"新七大奇迹"之一。

第一节　设计是什么

一、设计的基本概念

环境艺术设计也是“设计”的一部分，“设计”所涉及的方向及行业十分广泛。它与我们的生活息息相关，小到生活中各式各样的包装设计，大到景观整体设计，都离不开“设计”这一基本概念。

就“设计”二字的字面意义来看，其具有“设想”“计划”“策划”的意思。实际上，对环境艺术设计领域而言，设计是指设计师对项目进行构想及策划，然后将所设想的一个概念、一个观念、一个问题的解决方法具象化，通过具体的视觉方式传达出来的程序，这种传达方式、步骤即为设计。

设计是对将要实施的项目预先进行计划，我们也可以将实施项目的计划技术与计划过程理解为设计。设计的核心内容包含以下三个阶段。

第一个阶段：初步构思、设想形成设计的雏形；

第二个阶段：通过各种视觉方式直观传达设计构思；

第三个阶段：传达后，设计的运用、实践与施工。

毕加索曾说过：“绘画是一个减法的过程”。当然，设计也是如此，设计可以有多种定义，也可以是一个从繁到简的过程。设计之初可能会遇到各式各样的可怕问题，尝试权衡和评价所有的问题，删繁就简能够将问题简化处理，这是一项非常艰辛的工作，但是它会给你的设计之路带来无以言喻的惊喜。因此，设计的好坏也并不是仅仅由简单的表面来决定。当然，设计美学也至关重要，但其只占据画面的一部分，更多的是设计自身的“好坏”。

我们周围的一切都是设计，设计的决策几乎影响着我们生活的每一个部分，如服装（图1-2）、食品包装盒（图1-3）、家具（图1-4）、交通工具（图1-5）等。这些生活中看似理所当然的设计有一个共同的特点，那就是它们都被我们“理所当然”地使用着。显而易见，所有的设计都因我们的生活需求而诞生，其源于生活，而又高于生活。

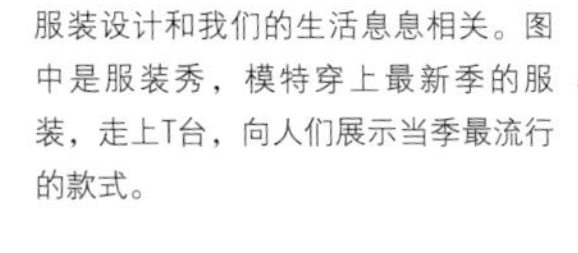
服装设计和我们的生活息息相关。图中是服装秀，模特穿上最新季的服装，走上T台，向人们展示当季最流行的款式。

图1-2 服装

图1-3 食品包装盒

食品包装袋、食品包装盒等都是用来装盛食品的，它们同时具备功能和装饰作用，吸引消费者购买。

图1-4 家具

家具设计不仅有桌椅，还有沙发、衣柜、床等家居空间陈设设计。

图1-5 交通工具

衣食住行，这里的“行”即出行的交通工具，如高铁、电车、汽车、公交车等。

交通工具的多样化离不开科技的发展，其中还有技术人员的辛苦研究开发。

图1-6 砍砸器（磨制石器）

这里是一个表面磨光的石斧。

图1-7 打制石器

原始人类从坚硬的石块上，用其他石块打下的石片或石核。

★补充要点

设计学

设计是一种实践活动，设计理论则是对它的理性思考。设计学的产生有以下两个前提条件。

一是设计作品的产生。设计的发生与发展几乎与人类的文明进程同步。在非洲坦桑尼亚的奥杜威峡谷发现了用砾石制造的砍砸器（图1-6）、盘状器、球状器和多面体器，距今已经大约180万年了。现今所发现的最古老的设计作品是在中国重庆巫山龙骨坡遗址（巫山猿人遗址）发现的打制石器（图1-7）。

二是设计理论的产生。中国古代的《考工记》和古罗马老普林尼的《博物志》是早期人类有关设计的经验性总结，这是设计学作为一门理论的最初萌芽和起点。然而设计学成为一门独立的学科，并且被学者们做出思辨的归纳和论理的阐述，则是20世纪以后的事情。设计学是在1969年由美国学者赫伯特·西蒙教授正式提出的。有了设计作品，才有设计理论，设计理论产生于设计作品之后。有了设计理论，才有设计学科，准确地说，设计学是设计理论的科学体系。

二、设计与技术

设计是设计师依靠现实的材料和工具，通过深刻的思索、丰富的想象和艺术直觉而进行的创造，无论哪个时代的设计都离不开当时的技术支撑，技术对于设计创造有着直接的影响。

1. 设计与技术是从属关系

设计的从属性很强，它自身只能体现一种设想和创意，仅仅是生产、制作前的一部分。技术作为生产力的内在要素，渗透在生产力的其他要素之中，它的变化必然引发其他要素的变化，从而引起生产力整体的变化，推动生产力水平的提高。在一定时期内，设计与技术是人们的生存目的、生存环境、生存活动、生存条件相协调的产物（图1-8）。

（a）

（b）

图1-8 某处温泉方案设计

（a）（b）设计与技术相辅相成，设计的理论依据是技术，方案的实践、施工也需要依靠技术来维系，两者之间的最终行使目的还是为人类服务。

(a)
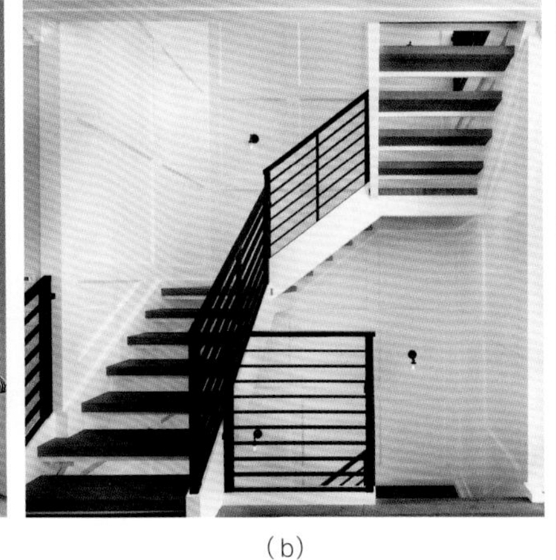
(b)

(c)

图1-9 楼梯设计

就技术而言，楼梯连接两个楼层，仅起到通行的作用；就设计而言，楼梯除了可以行走，还可以由不同的形态、不同的颜色等组成，用以满足不同人类的需求。

设计和技术始终交织在一起，并总是受到生产技术发展的影响。例如轮子的发明促进了交通工具的发展；计算机技术在设计中的运用，不仅为设计的多元化发展提供了技术基础，而且为开拓、创造更多新的表现手法、形式提供了技术手段。

2. 设计不同于技术

技术着重在解决人造物中物与物之间关系的问题，技术性的产品是适应实际生活需要的产品，对它自身来说是服务于外在目的的，它的价值意义依存于既定目的本身，功能有效性是判断技术性产品存在意义的一个重要尺度。而我们的设计所解决的是人造物与人之间的关系问题，它架起了人与物之间的桥梁。例如设计一个键盘，对技术人员来讲，这个键盘只要能打字就够了；对于设计师而言，则不仅要考虑器物的使用功能，还要关注设计对象的艺术性（图1-9）。

现代社会中，人类的一切生存空间、物质和生活方式，都需要经过精心设计，设计既是物质的又是精神的。设计与现代科学技术的结合，构成了现代设计的基础。它以科学技术为基础，用艺术的方式创造出实用性与审美性相结合的产品，为人类的生活服务，满足人们物质和精神方面的多种需要，推动社会的进步与发展。

三、现代设计学科

设计是人类认识世界、改造世界的活动。设计的历史久远，发展历经原始设计、手工设计、现代设计三个阶段。以社会发展为背景，从原始设计到手工设计，再到现代设计，实现了设计史上一次次质的飞跃。

当今社会，设计覆盖了各行各业，按照设计领域来划分，主要有视觉传达、产品设计、环境艺术设计三大类型。根据行业性质又可细分为工业设计、环境艺术设计、建筑设计、室内设计、服装设计、平面设计、影视动画设计等类别（图1-10、表1-1）。

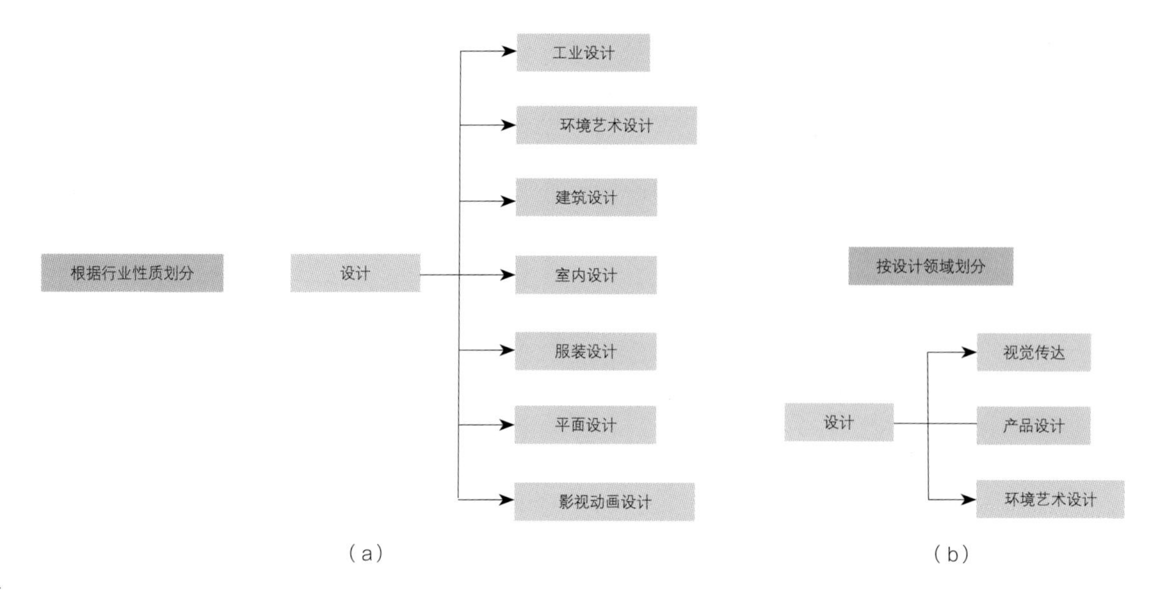

图1-10 设计的划分

表1-1 按设计领域划分设计

设计的形式	概念、定义	应用范围	设计产品图
工业设计	是指在工学、美学、经济学基础上对工业产品进行的设计	主要应用于交通工具、设备仪器、家电、生活用品、家具、玩具、服务等行业产品的外形设计	
环境艺术设计	在建筑学的基础上，综合其他设计，注重建筑的室内外环境艺术气氛的营造，注重规划细节的落实与完善，注重局部与整体的关系	主要应用于室内装饰设计、家具设计、展示设计、建筑外观装饰设计、景观设计等	
建筑设计	是指设计一个建筑物或建筑群所要做的全部工作，涉及许多对美学的培养和熏陶	主要应用于室内外建筑设计、建筑工程制图、虚拟现实制作、建筑模型制作等	
服装设计	是一种设计服装款式的行业，它的过程即“根据设计对象的要求进行构思，并绘制出效果图、平面图，再根据图纸进行制作，达到完成设计的全过程”	主要应用于服装设计、服装生产工艺设计、服装打板、服装推板、服装生产工艺单编写、样衣制作、服装生产管理等	

续表

设计的形式	概念、定义	应用范围	设计产品图
平面设计	是将个人的思想以图片的形式予以升华再造，从而传达出来的过程	主要应用于网页设计、包装设计、广告设计、海报设计、样本设计、书籍设计、刊物设计、VI设计等	
影视动画设计	是指将影视的故事进行视觉再现，是影视制作环节中一个重要的组成部分	影视后期、影视美术、广告制作、游戏开发等	

第二节　环境艺术设计概述

一、概念

环境艺术设计是人类美化生存环境的一种创造活动，包括对自然环境、人工环境、社会环境在内的所有与人类发生关系的环境进行美化，使其达到一种最佳状态。并且通过各种艺术表现手法，将建筑、绘画、雕塑及其他观赏艺术融合再造，进而创造出能够使人们获得审美享受的艺术环境。环境艺术设计的研究领域包含建筑空间环境、视觉环境、生态环境等物理环境，涉及建筑学、人体工程学、环境心理学、物理学、城市规划等多门学科的专业（图1-11）。

遵循科学、技术与艺术结合的原则，环境艺术设计应体现出人们对美的事物的追求心理和文化趣味，将现代科学技术成果融于构筑理想的环境之中。科学技术与艺术在环境艺术设计中既互相制约，又互相促进。环境中的各种艺术和非艺术的形象和造型，都是以实体形态呈现的

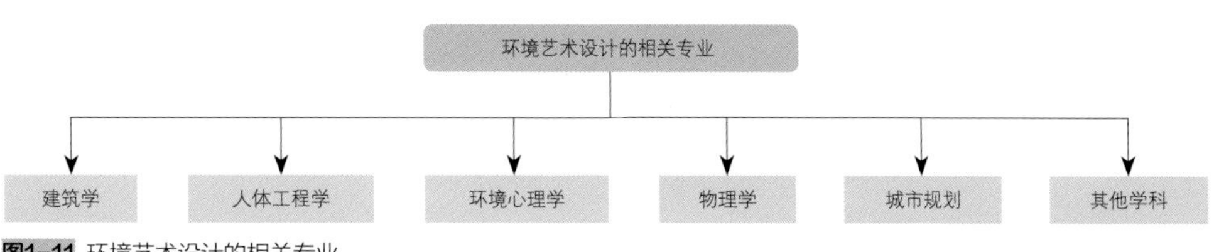

图1-11 环境艺术设计的相关专业

（a）

（b）

图1-12 积木咖啡馆（日本著名建筑师隈研吾）

（a）（b）建筑采用独特的非艺术物质材料（积木），使用积木堆叠法建造而成，精巧的咖啡馆却创造出了如匆匆树林般的有机整体感。

图1-13 张掖城市湿地博物馆设计

与人们在郊外看到的山清水秀的自然景观不同，城市里的景观设计保留了人工开凿的痕迹，但又多了一份对自然景观的刻意模仿，主要是提供满足人们生活和娱乐的场所、场地。

图1-14 丽江瑞吉别墅样板房设计（香港著名室内设计师高文安）

别墅毗邻象山，直面玉龙雪山，大研古镇与束河古镇左右环伺，房间内传统与自然交相辉映。

（图1-12）。物质材料的造型或者材料本身的实现往往离不开科学理论和技术手段的支持。

在《现代设计大系：环境艺术设计》中，吴家骅先生曾谈及："环境艺术设计要解决的问题，用一句话来定义：就是以建筑等限定空间的构造物为'界面'，从这个界面内外两个方面的空间认识出发，来营造和优化人居环境。"这反映出环境艺术设计的对象是与人们的生活活动最密切相关的室内外空间设计。

空间设计主要以建筑和室内为代表。其中以建筑、雕塑、绿化等诸要素进行的空间艺术设计，被称作景观设计，也就是室外设计（图1-13）；以室内、家具、陈设等诸要素进行的空间艺术设计，被称作室内设计（图1-14）。

二、特征

环境艺术设计的目的是为人们的生活、工作和社会活动提供一个合情、合理、美观、有效的空间场所。除却必要的使用功能，还兼具信息传递、审美欣赏、历史文化等功能。总的来说，环境艺术设计具有以下特征。

1. 具有功能与审美观赏的实用艺术

环境艺术设计能够最大程度地满足不同使用者的多层次需求，既能满足娱乐、休息、工作、生活等物质功能要求，也包括安全、社交等心理要求。应综合利用环境要素及其构成关系，以创造一定的环境气氛和主题，激发人们的各种感官，使之共同参与审美活动。

2. 具有多学科互助、并存的系统艺术

环境学、城市规划、建筑学、美学、人体工程学、心理学、艺术学等多个学科领域，它们一起构成一个完整的体系。其中在环境艺术设计的范畴内，又分为室内外空间、城市、建筑园林、公共设施等多个门类。

3. 具有生态学特征的"时间"艺术

设计是一个连续动态的渐进过程，而不是传统的、静态的、激进的改造过程。要尊重历史，也要展望未来，保证设计空间中每一个单体与总体在时间和空间上的连续性与和谐的关系。

第三节　环境艺术设计的属性与特征

人类生存的环境分为自然环境和人工环境。自然环境指的是自然界中原有的山川、河流、地形、地貌、植被，以及一切生物所构成的地域空间（图1-15）；而人工环境指的是由人类改造自然界而形成的地域空间，如城市、乡村、建筑、道路、桥梁等（图1-16）。当城市发展达到一定规模时，自然环境惨遭破坏，人们越来越意识到有限的自然回馈在日益减少，也因此人们对于人工环境的改造需求在不断提高，同时也给设计师们带来了机遇和挑战。

图1-15 自然环境

这是一处位于新疆伊犁巩留县境内的自然风景区，原始的河流川流不息，山峦此起彼伏，自然的地貌一览无余。

图1-16 人工环境

远观黄绿成片的是种植的庄稼，人们将这片原本荒芜的土地改造成适宜人类生存、居住的环境。

图1-15 | 图1-16

一、属性

1. 人本主义属性

环境艺术设计的首要目的是通过设计来改善室内外空间环境，满足人们的生活需求，设计的核心意义在于人，它始终将人的使用需求与精神需求放在设计的首位。因此，环境艺术设计要求设计师具备人体工程学、环境心理学和审美心理学等方面的知识，科学、深入地研究人们的生理特点、行为心理和视觉感受等因素，以及这些因素对室内外空间环境的影响，从而使设计满足各方面的要求。

1943年，美国人本主义心理学家马斯洛发表了《人类动机的理论》，他在书中提出了著名的“需求层次”理论。在他看来人的需求有一个从低到高的发展层次，依次为生理需求、安全需求、社交需求、自尊需求和自我实现需求（表1-2）。

其中生理需求是人类最基本的需求和欲望，每当某种需求得到满足时，另一种需求就会取而代之。对应的，室内外空间环境与这五种需求关系密切，如生理需求——空间环境的微气候条件安全需求；安全需求——设施安全、可识别性等；社交需要——空间环境的公共性；自尊需求——空间的层次性；自我实现需求——环境的文化品位、艺术特色和公众参与。

表1-2　　行为理论：人的基本需求

心理	人的基本需要	心理需求综合分析
安全	生理需求	性满足、敌视情绪的表达、爱意的表达、获得他人的爱情、依赖、尊敬、权势
	安全需求	获得社会的认可、个人社会地位的认可、避免伤害
认同	社交需要	作为群体的一员的保证和支持、教养、地位、威信、防卫、攻击
	自尊需求	自尊、理解、拒绝、谦卑
	自我实现需求	物质保证性、需求、人的价值观与自我实现

2. 生态环境属性

现代环境艺术设计要求以人为本，多方位考虑对环境的保护、地域特征、历史文化遗留等多方面的因素，走可持续发展路线。

我们身处生态体系中，之所以要进行设计，就是为了使人们的生活得到最大程度的改善。它不是装饰空间的小技能，而是越来越成为承担起人类社会发展使命的行业规划。也正因此，生态环境的保护与环境可持续发展是该学科的核心问题。

环境艺术设计本身就是一个快速运转的体系。有了人类的存在，社会的发展、运转也永不停歇。正是这种成长性，要求设计师在规划设计之前，对环境未来的可能发展进行科学的预测，预想到其多种可能性和灵活性，从而尽可能地保持城市环境的历史文化风貌。

生活在地球的我们，不可避免地会与其他生物相联系，事实上，我们的生存条件也完全依赖于地球，假如持续不管不顾地使用、改造或开发有限的资源，那么人类赖以生存的资源终有一日会衰竭或丧失其功能，而我们也将不复存在。在进行空间规划设计中，环境艺术设计的生态属性迫使我们要趋从这样的属性——思考设计的利弊。反之，我们的设计便一文不值。因此，对于设计师而言，应当顺应环境的生态属性，在追求创意设计的同时，也要保护生态环境，如西雅图煤气厂公园（图1-17）、纽约中央公园（图1-18）、上海后滩公园（图1-19）等生态景观设计。

3. 文化属性

人类通过不断的社会实践活动创造了文化。受环境的历史性与地域性的影响，文化的内涵极为复杂，包括艺术、道德、习俗、宗教信仰等。文化博大精深、包罗万象，凝聚了人类从古到今所有的知识积累，其中也包括环境的设计与发展。

环境艺术的背景是人们所熟知的社会。一方面人创造了社会，另一方面社会又促成了人们的基本思想意识观念，而不同的社会环境又形成了不同人的基本思想意识观念，其中，包含了环境文化意识的观念。这也就是一直存在于环境艺术设计中的文化属性。其中社会环境包括社

图1-17 西雅图煤气厂公园

图1-18 纽约中央公园

中央公园是纽约市民的休闲地，更是世界旅游胜地。它被称作纽约的“后花园”，坐落在摩天大楼耸立的曼哈顿正中，是一块完全人造的自然景观。

图1-19 上海后滩公园

上海后滩公园位于世博园区西南角，黄浦江东岸与浦明路之间，建造在原工业场址上，是典型的工业棕地。设计师主要进行了湿地和再生设计、保留遗迹和风景设计、道路系统设计等一系列的改造与规划，建立了水质净化系统、生态防洪体系，创造了丰富的溪谷景观。

图1-17

图1-18 | 图1-19

1956年之前这里是一家西雅图石油公司，工厂主要用于从煤矿中提取汽油，也因此每天排放大量的污染物，工厂在废弃之后，1972年改建了城市公园。

(a)

出于对历史、环境的尊重，设计师并没有对现有的工厂建筑、设备、资源进行清理或破坏，而是在原厂元素的基础上进行改造设计。

西雅图煤气厂公园设计：尊重工业废弃地的原貌和历史，重视工业废弃地的生态性，挖掘工业废弃地的艺术，合理利用资源且有效降低项目成本。

(b)

会物质环境、社会制度环境、社会精神环境，而这些不同的社会环境都在直接影响着环境文化意识形态的形成（图1-20、图1-21）。

古往今来，在不同民族、文化与价值观念的交往中，艺术显现出它特有的宽容，在每个民族内部，不同的价值选择都受到了应有的尊重。在民族文化变迁的同时，各民族之间的环境艺术文化由“同一”走向“区别”，又从“区别”，走向“统一”，逐渐形成了自己特有的跨文化的沟通、思考与交融的能力。

在当今世界文化趋同的热潮中，本土文化终将渐行渐远，直至消失殆尽。尤其是我们所在的城市环境，有些已经处于同化状态了，不久将会慢慢失去原有的地域特色。因此，我们的城市设计最终还是要以复兴民族传统文化为目的，积极发展多元文化与地域文化，以自己的文化成就构建新时代具有文化内涵及民族特色的环境空间。

4. 科学性与艺术性属性

随着社会生活和科学技术的进步，人们的价值观念与审美观念发生转变，新风格与潮流的兴起，促进了新型材料、结构技术、施工工艺等在空间环境中的运用。

科学性是指运用新型材料、新技术等来设计更加舒适、合理、安全的空间。艺术性是指通过空间的布置、家具、材料、结构、工艺等创造出较强的艺术美感。科学性与艺术性的结合使得空间设计的物质功能更容易实现，能够在设计艺术和技术之间寻找一种最佳的平衡点，共同形成了空间设计的美学特征（图1-22）。空间环境正是这种人性化、多层次、多向度的大综合，是实用、经济、技术诸物质性与审美的综合。

图1-20 传统园林景观

图1-21 现代园林景观

图1-22 环境艺术设计的科学性与艺术性

图1-20 | 图1-21

图1-22

这是位于嘉定南翔的古猗园，始建于明嘉靖年间，是上海五大古典园林之一。园中有孤山曲廊，香阁翠楼，石舫水榭，怪石假山，为明代园林风致。

传统园林的功能定位基本属于观赏性，其局部功能形式比较单一，注重造园、文学和绘画的结合，简单来讲就是处理人们的居处和后院的关系。

现代园林设计注重精神文化，讲求经济性和实用性，是人文设计和艺术设计的综合。

摆脱了古典园林程式的束缚，不再刻意追求烦琐的装饰，转而追求平面式布局和空间组织的自由。

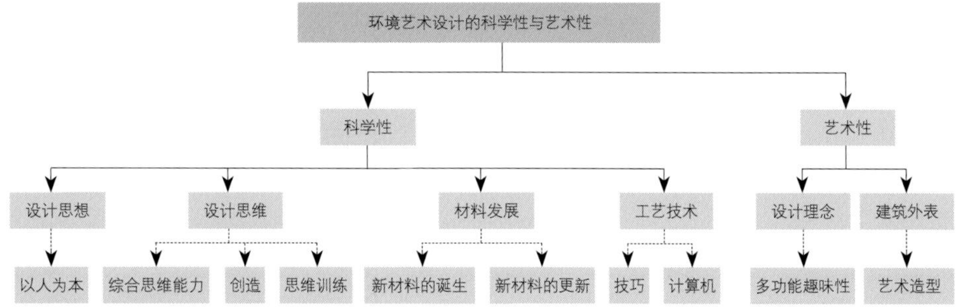

图1-23 环保材料

新型环保材料和新工艺的应用，大大改善了装修对人类居住空间造成的污染和对生态的破坏。

图1-24 设计计算机化

除传统手绘制图外，设计师们现在通常采用专业绘图软件，这种方式相对传统手绘，节约了不少时间，制图和表现方式也趋向精准化、多样化。

图1-25 斯堪的纳维亚风格家居设计

（a）（b）现代设计与传统紧密结合，注重光与自然所合成的特殊效果，崇尚自然、又注重功能且追求高雅的品位。

图1-23 | 图1-24
图1-25

（a）

（b）

环境艺术设计的科学性，除了在设计材料上的要求外，还需要借助科学技术的手段，从而满足人们的审美需求。如今节能、环保（图1-23）等许多前沿学科，已进入环境艺术设计中，而设计手段的计算机化（图1-24），以及美学本身的科学化，开拓了空间设计的科学技术新天地。

二、特征

通过设计，人们能够改造世界，改善环境，提高生活质量。总之，设计与人们的生活息息相关，环境艺术设计正在快速发展为一门专业性强、实用性强的新兴科学。纵观现代环境艺术设计的发展趋势，环境艺术设计具有以下特征。

1. 自然化

伴随着世界经济的快速发展，人类也付出了相应的惨痛代价，工业污染严重，大量的资源惨遭浪费。针对当前人类生存环境恶化、可利用资源的耗费问题，当今环境艺术设计应走可持续发展路线，既要满足当代人的需要，又不对后代人满足其需要的能力构成危害。

由此，北欧斯堪的纳维亚设计风格逐渐兴起（图1-25），成为“好的设计”“经典设计”的代名词。它强调自然色彩和天然材料的应用，崇尚自然，外形简约，又极具实用性。

2. 多元化

环境艺术是由多种因素复合构成的，因此它具有多元化的属性（图1-26，表1-3）。

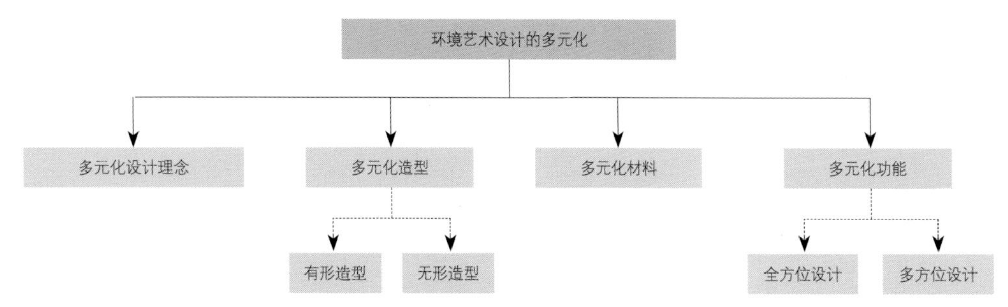

图1-26 环境艺术设计的多元化

表1-3　　环境艺术设计多元化内涵

多元化属性	图例	内涵
设计理念多元化		它是设计发展中不可或缺的一部分，可以是从多元化的实践慢慢发展成设计理念，也可以是以多元化的理念去指导实践。多元化的设计理念造就了设计的多元化，也是极其必要的设计先决条件
造型多元化		设计造型可分为有形与无形两种形式。有形造型需要考虑设计的造型与功能需求，在造型上多变，独特而又创新、创意；无形的设计是非物质形态的一种设计方式，是有形设计的延伸与扩展，通常采用视觉符号来表现，即它的“造型”
材料多元化		设计需要多种材料相互配合，通过掌握材料的不同特性（色泽、质地等），来满足不同设计的表现效果与使用功能等
功能多元化		单一、固定功能的设计不再能够满足人们的需求，设计功能的多元化越来越受欢迎，其中多功能设计的兴起，符合人们的审美与使用需求。全方位功能设计能够满足所有的人群使用，包括残障人士、老年人等，而多方位功能设计只是针对普通人群，但是它会不断更新设计，用来满足使用者的需要

3. 技术化

近几年，一些发达国家的环境艺术设计正在向高技术、高情感方向发展，这两者相结合的环境艺术设计，既重视科技，又强调人情味。在艺术风格上追求频繁变化，新手法、新理论层出不穷，呈现五彩缤纷、不断探索创新的局面。

因此，要在社会物质条件允许的条件下大胆尝试高科技材料的运用，同时加入高情感元素，从而设计出更加人性化的空间效果（图1-27）。

4. 整体艺术化

环境艺术设计并非单一的艺术，而是一个协调各类艺术的整合体。它包括建筑、室内空间、公共空间、园林景观等所有的空间，而这些都与人们的活动范围一致。同时设计也是诸多元素的组合，如自然元素：山石、河流、湖泊等（图1-28），人工元素：照明、装饰灯等（图1-29）。它不单单是材料的堆积、符号的运用，更需要设计师具有全面的设计构造知识与丰富的实践运用能力。

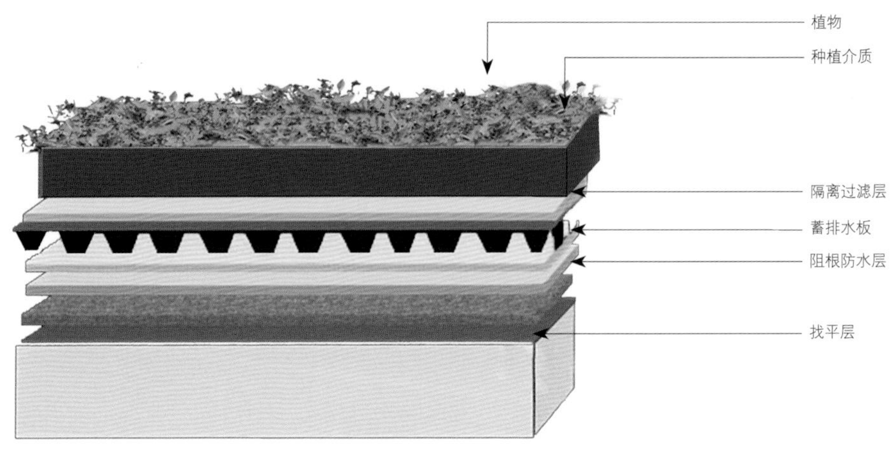

（a）露台种植防水层示意图

（b）防水层的应用（果蔬种植）

（c）防水层的应用（露台花园）

图1-27 天台空间防水层的应用

上左右：高科技防水材料的普及，城市楼顶也可以做成“空中花园”或者“空中菜园”。

图1-28 自然元素

这是一处有名的观赏景点——趵突泉，泉水的四周设置有几处亭台供人观赏，方便人们活动。

图1-29 人工元素

古典园林中，石灯、假山石、建筑窗棂的样式等这些人工元素的布置都有特定的要求。

图1-27
图1-28 | 图1-29

(a)

(b)

图1-30 新加坡滨海湾花园

(a)(b)由滨海南花园、滨海东花园和滨海中花园三个风格各异的水岸花园连接而成，景点项目丰富，每个景点基本都规划和设计了能源和水的可持续性循环。

图1-31 室内空间设计（室内环境艺术设计）

图1-32 室外空间设计（室外环境艺术设计）

5. 个性化

就环境艺术设计而言，所谓的个性化设计并不意味着简单的艺术表现形式，还应展现出属于设计师自己特有的设计风格。而设计作品并不是明显能够看出其个性化，需要细细琢磨方能发现其中的个性“美”。个性化是设计师对生活和自然界中所观察到的事物的最真实的反映。设计师通过自己的创意和想象力，将这些元素抽象化，最终转换成自己的设计观念（图1-30）。这也促使设计师不断地学习和创新，从而推动整个环境艺术设计的个性化发展。

第四节　环境艺术设计教育

一、创立与发展

目前，国内部分高等院校依托各自的优势和特色，设置了环境艺术设计专业。我国的艺术院校、建筑院校和园林学院的环境艺术设计专业课程体系设置各具特色，其发展方向也应该扬长避短，充分发挥各自的优势。

环境艺术设计专业较其他学科发展较晚，但其发展速度却非常快。一直以来该学科存在广义和狭义两种理解。从广义角度来看，环境艺术设计是一门涵盖范围广泛的学科，涉及环境学、城市规划、建筑学、美学、人体工程学、心理学、艺术学等多个学科。从狭义角度来看，环境艺术设计专业的内容是以室内外空间环境来界定的。其中以家具、装饰等组合成的室内空间设计，称为室内空间设计或室内环境艺术设计（图1-31）；而建筑外部公共空间的设计，称为室外空间设计或室外环境艺术设计（图1-32、图1-33）。

二、专业特征

环境艺术设计专业作为创造美感的一门学科，就业面十分广泛，涵盖从过去的室内设计发展到今天的室外设计、广场设计、园林设计、街道设计、景观设计、城市道路桥梁设计等全方位、多范围的设计领域。由于“环境”是个相对概念，因此它可以大到一座城市、一栋建筑、一条街道等区域性的环境，小到一间房、一个过道、一片草地等微观层次。

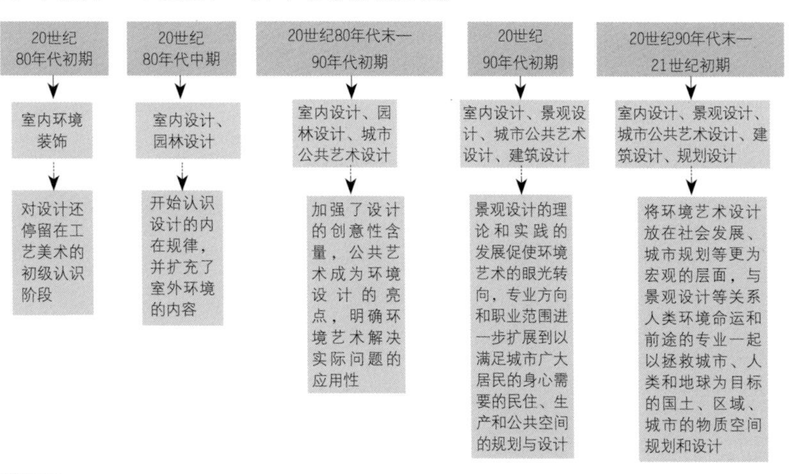

图1-33 环境艺术设计学科的发展过程

建筑是环境空间中的主体，也是环境艺术的载体，因此，环境艺术设计与建筑设计之间的关系极为密切，环境艺术设计可以说是建筑学的延伸和继续，既需要考虑物质功能与精神功能的要求，又受制于物质技术和经济条件的限制。环境艺术设计更多的是加深了设计的文化内涵，在形式上要更具艺术特质，以达到精神文化的更高层次。

环境艺术与其他相关学科有着异同之处。从宏观角度来看，环境艺术设计还与城市规划有着相似的地方。环境艺术设计、建筑设计及城市规划等都具备使用功能、艺术的要素，都与工程技术相关，都是功能、艺术和技术的统一体。同时环境艺术设计还与景观设计、园林设计等也有着相似和相通之处，但是它们之间又有着各自不同的侧重点，并且在整体环境系统下着重关注和研究自己的部分。

就相同性看，这几个学科的目标都是为了将人与环境的关系落实到具有空间分布和时间变化的人类聚居环境之中，为人类营造适宜的聚居环境。结合目前环境艺术理论和实践的发展状况，环境艺术设计的几个基本方面均蕴含着三个不同层面的追求以及与之相对应的理论研究，如下表所示（表1–4）。

表1–4　　　　环境艺术设计的基本追求

基本层面	内涵
文化历史与艺术层面	景观环境中的民族风俗、历史文化、地域文化、风土民情等上升到精神层面的东西，能直接影响人们的精神，也决定着一个地区或城市或街道的风貌变化
环境、生态、资源层面	包括对于土地资源的利用、地形与地貌、水资源、动植物、气候、光照等人文与自然资源所作的调查、分析、规划、设计、保护
景观感受层面	基于视觉的自然与人工形体所带来的观感

这三个层次，贯穿于整个设计，是环境艺术设计的整体感受与追求。

三、素质教学

1. 教学思想

传统教育方法的特点是在对设计结果的追寻上展开的，重点培养学生的模仿能力。在新的发展形势下，当今环境艺术设计专业需要全方位系统的改革，主要从教学模式、课程设置、教材选取等多个方面来进行，从教育的实际出发，培养综合素质，以设计、施工、管理为主，同时加强学生理性分析和解决问题的操作能力，开发学生的多向思维能力，更加强调设计结果的多样性。

将传统意义上的单向式教学方法更新为双向式教学方法。弹性的教学注重教学的过程，多尝试创新能力及设计思维的培养。提供相关方面的新材料供学生们去学习、了解，拓展专业，挖掘新的发展点，如插画设计、展示设计、平面设计等，为与社会及设计实践更好地接轨做好准备。总之，教学的核心思想是理论与工作实践相结合（表1–5）。

表1-5 环境艺术设计的教育原则

教育原则	内涵
开放性的教学思想	走出校门面向社会，结合实际实践经验教学，严格保证实践教学的落实，避免学生一味地纸上谈兵；专业知识的扩展与外延产生了新兴的设计方向，如园林设计、景观设计等
刚柔并济的教学进程	教学目的明确、清晰，对于教学中主要需要解决的课程问题及基本要求，可以综合其他平台的观点概念，根据学生对于课程的吸收与理解，加快或放慢教学进程
灵活弹性的评估标准	环境艺术专业可以分为手绘制图、建筑结构分析、材料运用、建筑装饰工程计量与计价、制图软件学习等，针对学生的领悟能力与能力特点来展开教学，最后对实际教学成效进行公正、合理的评价

2. 教学方法

（1）环境艺术设计的教学方法

环境艺术设计紧密地联系着人的思维、个性、时代和文化等各方面的因素，内容十分庞杂。因此，环境艺术设计专业的教学一定要研究教学方法。

教学过程中，在技能的培养上应以建立起学生正确的方法即观察方法、思维方法、表述方法等为目标，主张尊重学生个性的教育，尤其不能照本宣科或采用填鸭式的教学方法。

环境艺术设计的学习是一个长期不懈努力、积极探索的过程。在教学过程中，专业老师需要根据学生的实际情况来拟定教学计划，要遵循由易到难、循序渐进的教学原则，达到从不会到会、从会到熟练、从熟练到精通、不断深入的效果。

在课堂教学中，专业老师可以结合本专业的特点，采用多种教学方法，增强教学互动性，如讨论、小组学习等方式。这不仅能活跃课堂气氛，而且对于培养学生积极思考、主动学习、发挥创造潜力具有推动作用。

在具体教学实践中，环境艺术设计的教学手段和方式，见表1-6。

表1-6 环境艺术设计的教学手段和方式

教学手段和方式	图例	内涵
模仿训练		设计专业教学的传统方式就有模仿训练这一项，现在主要用于训练学生对规范的了解，从常规性的作业中建立规范意识
思维训练		解决问题的根本在于思维方法，思维训练尤其重要，也是训练的首要任务；设计包括成本和结果在内所有起作用的要素关联成一个综合整体的过程，设计方面的课程也是思维训练的主要任务

续表

教学手段和方式	图例	内涵
小组研讨		教学中某个时段，通常是高年级时段插入专项课题训练，组织学生自己查阅资料并形成自己的观点，在讨论中交换意见，增加信息量的同时，训练表达能力；在高年级的小组研讨中，应有意识地训练控制能力和组织能力
专题讲座		通过专题拓宽专业视野，形成专业知识在横向层面的展开和纵向层面的探索
快题训练		加强创新和控制能力的训练，培养发现问题后快速综合地解决问题的能力

（2）培养环境艺术设计教学人才的原则（图1-34）

1）因材施教。针对学生的个性因材施教是建立在共性基础之上的个性特色教育。由于学生的生活环境、美学基础、接受文化和专业教育程度不同，以及其性格特征、智商、情商等内外因素的不同，因此，学生在环境艺术设计学习中逐渐形成了各自不同的个性和特点，特别是在对设计内容的感知、理解能力、接受能力、情感表达等各方面均会有差异。

2）培养创新能力。环境艺术设计是一门实践性学科。环境艺术设计专业的学生既要有扎实的理论基础，又要有成熟的专业设计能力。需要不断加强理论修养和创新意识，养成良好的专业习惯。

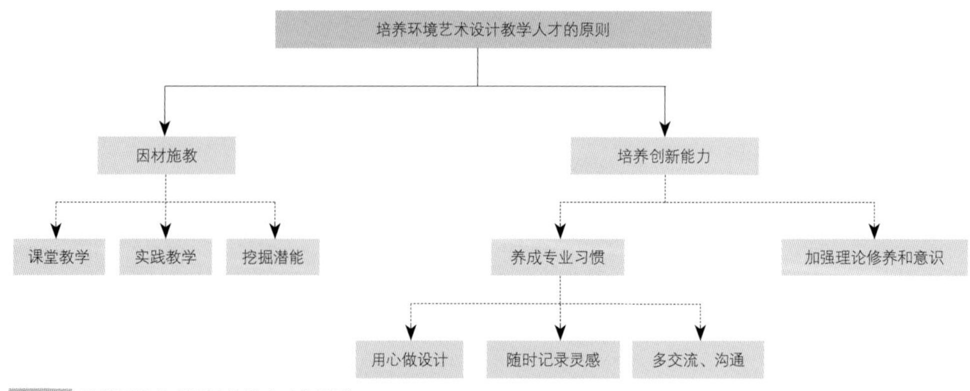

图1-34 培养环境艺术设计教学人才的原则

3. **素质教学的特点**

素质教学的特点应体现以下几个方面（表1–7）。

表1–7　　素质教学特点

素质教学特点	内涵
注重对理论的现实体验	理论是指导实践的认识基础，设计理论在设计教育中具有深远意义； 通过理论学习提高理论修养，有助于对专业认识的积累和人生观的形成
注重工作方式的实践体验	实用性学科决定了环境艺术设计专业的实践性特点； 开设针对性很强的专业实践课，或是直接参与实际课题，可培养学生独立思考、自主获得知识和信息的能力，培养学生的创造力，培养学生的竞争意识和团队协作观念，培养学生的社会实践能力和适应能力
注重工作过程的辩证体验	实践证明，教学活动中总是贯穿着“严谨—松弛”“限制—鼓励”等诸多对立矛盾； “十年树木，百年树人”，教育工作充满挑战，老师在整个教学活动中是一名导演，是一名演员，同时也是一名观众，是学生在专业领域中接触到的第一面镜子，老师在教学过程中表现出的素养与才华会直接影响学生的人格与成长

第五节　案例解析：环境艺术设计的个性化解析

环境艺术设计必须最大程度地反映本土文化这一原则，通过价值较高的理念吸收空间艺术的精髓，进而设计出凸显个性化的艺术作品。在环境艺术设计中体现个性化的策略时，设计者不应过于追求个性，从而忽视作品和环境之间的和谐统一性。

一、强化空间艺术设计应用

在个性化设计的过程中，既要注重环境的质量，还应该在个性化设计中添加环保理念，注重作品和环境的和谐，并充分满足住户的需要，同时一定要不断强化空间的使用功能，注意环境艺术设计的个性化表达（图1–35）。

图1–35 慕尼黑奥林匹克公园（建筑师贝尼斯和奥托）

（a）德国慕尼黑曾经是一个拥挤的城市，因此，奥林匹克场馆的修建是一件十分困难的事情；奥林匹克体育场屋顶的“鱼网帐篷”是半透明的人造有机玻璃，相当昂贵。

（b）场馆的原地址为一处报废的机场，公园内有大型水上运动湖、奥林匹克村和新闻中心、高达290m的电视塔（原奥运塔改造而成）等。

（a）奥林匹克体育场

（b）电视塔

（a）慕尼黑奥林匹克体育场内部空间

（b）慕尼黑奥林匹克公园与周围环境

（c）慕尼黑奥林匹克公园水景

（a）

（b）

（c）

二、重视环境艺术设计风格化

在以个性化设计反映抽象认知流程时，应该在特殊环境中对自然界客观规则实施掌控，设计者应该制定设计计划，不可以过于追求浪漫主义，可在多个设计计划当中挑选出最优秀的一个，必须熟悉多种艺术方式，在展示设计风格的前提下，使人们的多种需求得到有效的满足。同时还要在设计中融入文化设计的元素，让人们能够最大程度地了解自然以及地域生活习惯和风俗（图1-36）。设计人员应在工作过程中不断创新，使环境艺术个性化设计得到合理的表达。

图1-36 公园风格化设计

（a）“近距离的奥运会”是场馆建筑的主导思想，整个公园由33个体育场馆组成，核心建筑就是奥林匹克体育场，有着“鱼网”组成的帐篷式屋顶，可容纳8万观众的大空间，就连草坪足球场下面都设计了暖气设备，因此，这里一年四季绿草茵茵。

（b）公园对环境影响很大，建筑与环境十分和谐；目前，慕尼黑奥林匹克公园也是当地民众最佳的运动场去处。

（c）夏日里，能在湖面上泛舟；冬日里，还能在人工湖的冰面上滑冰，在奥林匹克山上滑雪，十分惬意。

图1-37 公园内生态环境

（a）公园设有露天剧场、观景台、人工湖，可泛舟、溜冰、乘坐小火车、晨跑，大片的草地给人们提供了户外活动空间，成为当地居民最喜欢的娱乐运动场所之一。

（b）天空中，有肆意翱翔的小鸟；地面上，有宽阔碧绿的草坪，人与自然环境和谐共处。

（c）草地上还有各种儿童游乐设施，如摩天轮、旋转木马。

图1-36

图1-37

三、科学和艺术结合

环境艺术设计作为一项注重科学与艺术相结合的工作，个性化设计的核心就是外部环境与人们生活环境二者之间的和谐统一。设计者在设计过程中，一定要尊重住户的想法，采取有效的方式对其进行艺术处理。另外，由于人们对自然资源没有合理保护，这一行为导致生活环境不断恶化，人类生存环境越来越差，因此，设计必须尊重自然环境，始终坚持可持续发展理念（图1-37）。

四、案例总结

想要在环境艺术设计中凸显个性化，设计者在进行个性化设计的时候不可以过于追求突出个性，必须重视作品和环境之间的和谐统一性。一定要基于优化环境这一根本目标，使人们的个性化需求得到有效的满足。只有这样才能在保证环境艺术设计质量的基础上，体现其个性化设计。

本章小结

什么是设计？什么是环境艺术设计？在本章节都有详细的解读。设计与艺术的出现是人类文明进步的必然结果，设计教育任重而道远。作为未来的设计工作者，我们应当赋予思维以想象的翅膀，善于观察和发现，用全新的视角去探索我们所熟悉的世界，要知道美的设计并非遥不可及，想象的空间是无限的，灵感就在你我触手可及的地方。

第二章

环境艺术设计的历史与发展

识读难度： ★★★☆☆

重点概念： 环境艺术设计、中外、起源、教学与案例

章节导读： 环境艺术设计的历史是人类理解环境，同时用自身的力量构建环境的历史。这是人类思想与意识的演化过程，是科学技术的发展过程，也是人类居住环境的演变过程（图2-1）。从地域上讲，由于中外社会发展历程不同，各阶段历史发展水平不同，文化观念有别，这些都导致了中外两种文化体系对环境艺术的研究与认知的差异。本章节将详尽地讲解中外环境艺术设计的发展历程与特色，以及环境艺术设计的起源，借此让大家了解、学习环境艺术设计的历史与发展进程。

图2-1 承德避暑山庄

历经清康熙、雍正、乾隆三朝，山庄整体布局巧用地形，因山就势，分区明确，景色丰富，是中国现存占地最大的古代帝王宫苑。

图2-2 中国古典建筑

图2-3 法国凡尔赛宫园林

第一节　环境艺术设计的起源

人类进化史，正是人类用自己的智慧和力量营建理想生存环境的历史。追溯环境艺术设计的历史起源，主要有两个方面：一方面是作为室内设计方向渊源的建筑设计和室内装饰（图2-2），另一方面是作为景观设计方向渊源的园林设计（图2-3）。

一、建筑与室内设计的起源与发展

1. 中国的建筑与室内设计发展概况

纵观环境艺术设计发展史，古代社会生产力水平低下，“靠天吃饭，听天由命”是人们的生活常态，“天人合一”“天人感应”的思想自然而然成为人们的最高理想追求。在我国古代建筑设计的发展过程中，室内设计、环境艺术设计与建筑设计一直相生相随（图2-4）。

中国传统建筑即木结构体系在不断发展和完善，执着地追求精益求精。随着经济、政治、文化的发展，木结构逐渐成为中国宫廷建筑的主流。经由春秋战国时期的意象定型至斗拱、台基的发展，在秦汉时期基本形成了典型的中国古典屋顶，将屋顶原有的二维斜面转换为下凹式曲面，屋角呈现微微翘起的状态，这是中国建筑发展的第一个高峰。后经唐宋两朝，在建筑风格方面又精进、丰富不少。在明清时期，中国木结构建筑正式达到顶峰，成就极高，如五台山的佛光寺大殿。

2. 西方的建筑与室内设计发展概况

（1）古埃及的建筑与室内设计

古埃及是四大古国之一，是人类文明的发源地。古埃及人创造了人类最早的、一流的建筑和室内设计。古埃及府邸和宫殿的布局注重遮阳和通风，院落式布局有着明确的纵轴线和纵深布局（图2-5、图2-6）。

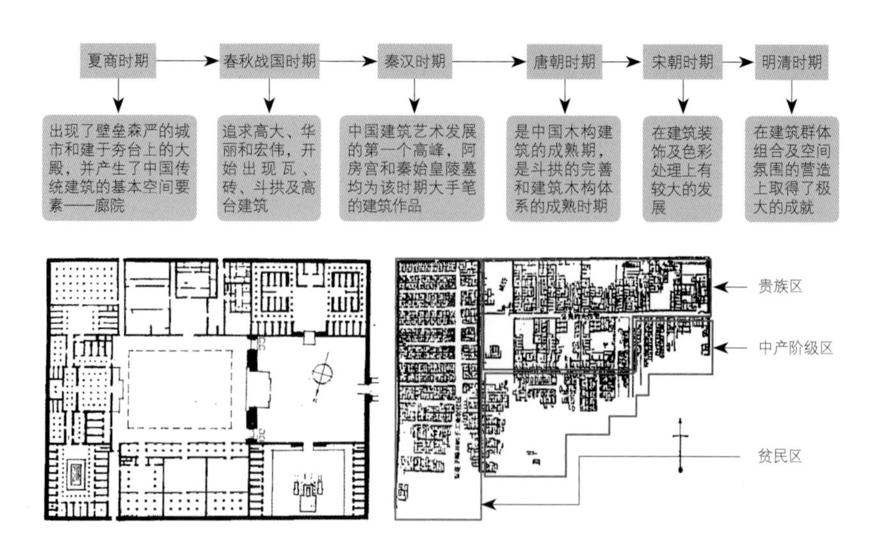

图2-4 中国的建筑与室内设计发展概况

图2-5 阿玛尔纳宫殿

宫殿内的主要房间和住宅按照院落的纵向轴线对称布局。

图2-6 卡宏城住宅

这里属于贵族府邸，注重遮阳通风，采用内院式，主要房间朝北，前面敞廊，用以减弱阳光辐射热；房间分男女两组，阶级区分，私密性很强，体现了奴隶制社会制度下阶级的对立。

图2-4
图2-5　图2-6

被誉为“世界七大奇迹”之一的金字塔，采用简洁的几何形造型，形成了典型的纪念建筑风格，也是古埃及文明的见证。古埃及庙宇由住宅扩大而成，采用石材作为横梁的石梁柱结构，密集的柱子和高侧窗采光使庙宇室内充满神秘感（表2-1）。

古埃及主要的技术：精巧的石工艺技术；雕塑艺术日臻完善；精确的几何学、测量学；发明了起重、运输机械；具有了组织、协作能力；学会了绘制建筑图纸（三维彩色轴侧图）。

表2-1　古埃及建筑的分期

古埃及建筑的分期	建筑图	特点
古王国		建筑主要以陵墓为主，有“玛斯塔巴”、金字塔（典型代表）
中王国		峡谷里的陵墓（岩窟墓），祭祀厅堂成了建筑的主体，沿纵深布局，山崖成为陵墓景观的组成部分
新王国		以神庙为代表，建筑呈轴线对称
托勒密王朝		建筑规模不大，但受希腊和罗马影响，较为精致

★补充要点

古埃及与尼罗河

埃及的领土包括上埃及和下埃及两部分，上埃及是尼罗河中游峡谷，下埃及是河口三角洲。古埃及文明沿着狭长的尼罗河而孕育、发展。埃及的命运维系于尼罗河，其深刻影响着古埃及的文化和建筑。

充足的灌溉——解放了大量的劳动力；河流和峡谷——提供了丰富的建筑材料；大自然景观——培养了审美和构思观念；同河流斗争——锻炼了组织和技术能力。

（2）古希腊的建筑与室内设计

古希腊建筑布局刻意安排成不对称式，常见的柱式有爱奥尼克柱式、多立克柱式和科林斯柱式（表2-2）。例如，帕特农神庙（图2-7）是古希腊最杰出的古建筑，雅典卫城以神庙建筑为代表，其平面形式有圆形神庙、端柱式、列柱式、列柱围廊式，立面由三角形山花和端部柱廊构成。

图2-7 帕特农神庙

（a）（b）矗立在雅典卫城的最高处中心位置，是雅典卫城最重要的主体建筑，是用来供奉雅典娜女神的最大神殿。其设计堪称古希腊建筑艺术的最高典范，尤其是柱式的形式具有典型的代表意义，如多立克柱式比例粗壮、刚健、庄重宏伟。

（a）

（b）

表2-2　古典希腊建筑的三大柱式

古典希腊建筑的三大柱式	立柱图	特点
多立克柱式		出现最早，一般建于阶座上，粗大雄壮，柱头是个倒圆锥台，没有柱基；柱身有时雕成20条槽纹，有时平滑，柱头没有装饰
爱奥尼克柱式		比较纤细秀美，柱身有24条凹槽，柱头有一对向下的涡卷装饰，气质高贵优雅；通常竖在一个基座上，将柱身和建筑的柱列脚座或平台分开
科林斯柱式		相比爱奥尼克柱式，科林斯柱式更为纤细，柱头采用莨苕作装饰，形似盛满花草的花篮，具有更好的装饰性，但应用并不广泛

（3）欧洲中世纪的建筑与室内设计

拜占庭风格影响早期基督教建筑，利用帆拱解决了将圆屋顶放在多边形平面上的难题，于是屋顶造型由帆拱上放置穹顶取代了十字拱，逐渐形成拜占庭式建筑，如典型的拜占庭式建筑——圣索菲亚大教堂（图2-8）。文艺复兴后，哥特式建筑兴起，它由罗马式建筑发展而来，为文艺复兴建筑所继承，如法国巴黎圣母院（图2-9）。哥特式建筑使用尖形拱门、肋状拱顶和飞拱，减轻侧推力和结构厚度，运用飞扶壁降低高度，扩大采光面积。

（4）新艺术运动的建筑与室内设计

拒绝复古和传统式样是新艺术运动的一大特性，且它还提倡运用现代材料和技术（如铁和玻璃），探索现代材料和技术带来的艺术表现的可能性。新艺术运动倡导自然风格，装饰上突出曲线和有机形态。由于铁便于制作各种曲线，因此室内装饰中大量应用铁构件（图2-10）。受东方风格的影响，尤其是日本江户时期的装饰风格与浮世绘的影响（图2-11）。

★小贴士

科林斯柱式的美丽传说

相传古时候的科林斯，有个美丽的年轻女孩，正当她快要出嫁时，突然疾病缠身不幸去世了。家人都十分悲切，于是他们将女孩年幼时最心爱的玩具和其他物品一并收集了起来，并且盛放到一个精美的花篮中。然而在鲜花盛开的第二年春天，女孩坟墓上生出了一棵毛茛花，它的茎叶越长越多，将坟头小小的花篮环绕起来，形成一个非常美丽的形态。不久，人们听说了这个奇妙的故事，然后就设计了一款新的柱式——科林斯柱式，它的顶部是藤蔓状“涡卷”，底部是毛茛花的茎叶图案（图2-12）。

图2-8 圣索菲亚大教堂

图2-9 法国巴黎圣母院

图2-10 应用铁构件制作曲线造型建筑

图2-11 日本浮世绘装饰

图2-12 毛茛花

图2-8	图2-9
图2-10	图2-11

图2-12

（a）毛茛花茎叶

（b）科林斯柱式上的毛茛花茎叶

3. 现代主义建筑与室内设计

现代主义建筑设计出现了四位先驱人物：格罗皮乌斯、密斯·凡·德罗、勒·柯布西耶、赖特（表2-3）。

表2-3 现代主义建筑设计师

设计师	设计作品图	代表设计
格罗皮乌斯		创立了包豪斯学校，并亲自设计学校的校舍
密斯·凡·德罗		提出了“少就是多”口号，在建筑设计中精于对钢与玻璃的运用，设计了巴塞罗那博览会的德国展览馆
勒·柯布西耶		著名的建筑大师、城市规划家和作家，现代主义建筑的主要倡导者，机器美学的重要奠基人，其代表作品有朗香教堂等
赖特		倡导“有机建筑论”，强调建筑与环境的有机整体关系，其建筑作品充满浪漫主义色彩，其代表作品有流水别墅

二、园林与景观设计的起源与发展

1. 中国古典园林与景观设计

中国传统文化崇尚自然，以儒家文化为主体，释道相补充，又注重情与景的联系，体现天人合一，渗入大自然的意境。园林作为一种环境艺术形式，以师法自然为原则，将自然理想化，而不是生搬硬造自然物质。

中国古代造园历史悠久（图2-13），人们追求园林的诗情画意、情景交融，意境乃中国古典园林的最高追求。这些鲜明地折射出古人的自然观和人生观（表2-4）。

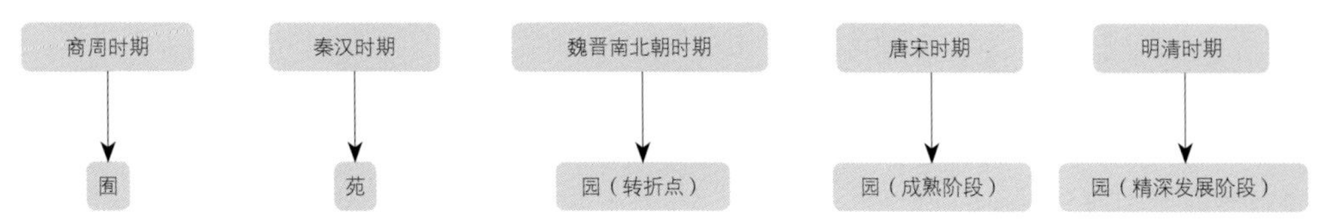

图2-13 中国园林的发展历程

中国古典园林的产生和发展经历了商周和秦汉的生成期、魏晋南北朝的转折期、唐宋的成熟期、明初至清末的精深发展期。唐宋时期是中国园林发展的成熟阶段，在皇家园林方面，随西苑在沿袭“一池三山”模式的基础上开创了园中园及完整水系的规划形式。明清时期是中国古典园林的精深发展阶段，其内容和形式已经完全定型，造园的艺术和技术也基本达到了历史最高水平。

表2-4　　中国古典园林与景观设计

中国古典园林发展时期	园林画作	特点
商周时期		“文王之囿，方七十里”，囿的作用主要是放牧百兽，以供狩猎游乐，是我国古典园林的一种最初形式
秦汉时期		秦朝连续不断地营建宫、苑等不下三百处，这一时期开创了“一池三山”的格局，如上林苑中的阿房宫
		汉朝在秦上林苑的基础上继续扩建，苑中有宫，宫中有苑，在苑中分区养动物，栽培名果奇树，如未央宫
魏晋南北朝时期		擅长山水画的名家极多，画家所提供的构图、色彩、层次和美好的意境往往成为园林艺术的借鉴，如顾恺之的《女史箴图》，使得这一时期既是我国古典园林建造的鼎盛期，又是重要的转折期
唐宋时期		唐朝文人画家以风雅高洁自居，多自建园林，并将诗情画意融入园林之中，追求抒情的园林趣味，如王维的《著色山水》，使得园林发展迅速

续表

中国古典园林发展时期	园林画作	特点
唐宋时期		宋代园林开始注重融入人文思想，将山水画、文学作品置入园林，如张择端的《清明上河图》，由单纯的山居别业转向在城市中营造城市山林，大量的人工理水、假山与再构筑建筑成为这一时期的重要特点
明清时期		私家园林发展达到了登峰造极的地步，以明清时期江南私家园林为范本，明清私家园林几乎遍及全国各地，江南以南京、苏州、扬州、杭州一带居多，如明朝的《出警入跸图》、清朝王原祁的画作

2. 西方古典园林与景观设计

（1）古埃及、古希腊、古罗马时期

漫长的岁月赋予各国园林悠久的历史文明和独特的风格。从古埃及、古希腊、古罗马、古巴比伦时期，到中世纪时期的园林，直至文艺复兴后的园林都各有特色（表2-5）。

表2-5　古埃及、古希腊、古罗马、古巴比伦时期的园林与景观设计

西方古典园林发展时期	西方古典园林	布局形式
古埃及		在新王国时期才初步形成真正的园林概念，庭园平面为对称的几何式，庭园为方形，中心为水池
古希腊		园林类型有宫廷庭园、文人园、宅园及公共性园林（主要包括圣林和竞技园）

续表

西方古典园林发展时期	西方古典园林	布局形式
古罗马		多仿希腊的柱廊园及宫廷庭园，到罗马全盛时期开创了一种新的园林形式——别墅园（台地园），沿山坡建园，依山丘地势高低，分台层处理
古巴比伦		园林类型有猎苑、圣苑及著名的空中花园，空中花园是最早的屋顶花园

（2）文艺复兴时期至今

园林景观可分为意大利园林、法式园林、英式园林三大类型。

1）意大利园林。文艺复兴初期，意大利园林带有古代的特征，后来发展为一种平台建筑式的造园形式。此后的意大利园林都以建筑构成为主，有宽大的平台、接连各层平台的台阶、绘有壁画的凉亭、青铜或大理石构筑的喷泉、古代雕像等。文艺复兴末期，园林文化反而向另一种风格转化，出现了巴洛克式园林（图2-14）。这种风格过分表现杂乱无章及繁琐的细部，用繁多曲线制造出令人吃惊的豪华感。

2）法式园林。法国民众与年轻的建筑师对意大利文化极其倾慕，虽然在园林细部上可以见到意大利风格的影响，但整体却还保持着规则的形状。

到17世纪后半叶，法国开创了典雅庄重的风格，以规则的平面图案著称，对局部处理也颇见匠心，如刺绣花坛、组合花坛、喷泉、叠瀑、雕塑都是典型的特征。到了18世纪末和19世纪初，英国风景式园林传入法国，又因为法国人对大自然的强烈热爱，在表现手法上比英式园林更为丰富多彩（图2-15）。

3）英式园林。英式园林的出现晚于意大利和法国。17世纪初，英国园林以朴实无华的风格著称，廊亭、果园、造型植物、喷泉、花坛、小品构成了英国规则式园林的主要特征。

18世纪，英国涌现出大批风景画家和田园诗人，绘画与文学中热衷自然的倾向为18世纪自然式造园的产生奠定了基础，风景式造园从萌芽开始，直至名扬四处（图2-16）。

图2-14 巴洛克式园林

采用对称式结构，细节烦琐、精细，令人叹为观止。

图2-15 法式园林

强化绿化植物的修剪，崇尚标准的几何形体，多偏爱喷泉及雕塑的结合。

图2-14 | 图2-15

图2-16 英式园林

(a)(b)英式园林大面积花坛、喷泉等，朴实无华、内容丰富，具有田园风格和浪漫主义色彩。

(a)

(b)

★小贴士

如何实现小空间下的舒适户外活动场所

户外活动区在设计中要与室内的设计风格保持一致，可将简易植物重复搭配使用，尤其是绿色植物和灌木类趣味植物，可以营造更开阔的连续性景观。

园林中的喷泉是较好的焦点景，水景虚化空间，可使人感到畅快，将低矮的喷泉和灌溉的自由管道相连接，可以保证花园里随时有水流。在园林中规划一个小储存区，存放园艺工具和胶皮水管等必要用具，座椅、桌子以及篱笆墙都可作为这个区域的隔墙。

第二节 国内环境艺术设计

在《中国问题》中，西方著名哲学家罗素曾谈及："中国人摸索出的生活方式已沿袭数千年，若能被全世界采纳，地球上肯定会比现在有更多的欢乐祥和……若不借鉴一向被我们轻视的东方智慧，我们的文明就没有指望了。"由此可见中国传统文化对人类文明发展具有重大意义（图2-17、图2-18）。

一、中国传统环境艺术

如果说西方环境艺术设计史的学习重点是其人文思想的更替和丰富的环境艺术语言，那么，中国环境艺术设计发展的学习重点则是其建筑、城市设计、园林中所体现的对哲理思想、民族性格的关注。

中国传统文化博大精深，环境艺术设计方面更甚，从建筑的整体体系、组群布局、单体构成到部件组合、细部装饰，到建筑所反馈的哲学意识、伦理观念、文化心态，再到传统的建筑

图2-17 传统彩画

梁柱上色彩斑斓的彩画格外吸引人们的目光，其样式和图案种类繁多，这里是图案丰富的苏式彩画。

图2-18 古建筑屋脊神兽

屋脊上排首位的是骑凤仙人（寓意祈愿吉祥），依次排列为鸱吻、凤、狮子、天马、海马、狻猊、垂兽（固定瓦件）。

图2-17 | 图2-18

形态、城市形态、园林形态（图2-19），都可以感受到优秀的中国传统文化。

1. 建筑形态

中国传统建筑的形制讲究延续性、制度化，从而形成一脉相承的文化。其最大特征就是木结构体系的不断发展和完善（图2-20）。从一开始，为了适应不同自然条件，如气候和环境等，中国建筑形态慢慢分化为穴居和干阑两种方式，它们分别代表着黄河流域的“土”文化的特征和长江流域的“水”文化的特征。

西方古典建筑属于大体量集中型的砖石结构体系。与此截然不同，中国建筑形态属于多栋离散型布局（图2-21）。木构架建筑从出现时开始，就一直以离散型形态出现。汉朝以来，人们以“人形一仗”作为居室单位的权衡标准，以此将建筑栋与栋之间间隔开来，以园林作为联系，组成大型建筑或更大规模的建筑群。历来以建筑群体组合见长的中国传统建筑，明代更是达到了空前的辉煌成就。

离散结构强调组群对人体尺度的合理性以及环境的适应性，具有很强的“实用主义”特点。同时又根植于实际生活，反映出传统儒家“礼”教的核心思想。在中国传统建筑文化中，儒家文化既有对建筑形态成熟且牢固的正面影响，也有阻碍建筑形态多样化发展的负面干预。

由于建筑意识形态的独特作用，建筑成为标志等级名分、维护等级制度的重要手段。建筑等级制对城市的城制等级、宗庙建筑的等级规定、单体建筑等这些层面都有区分。在“数”“质”“文”“位”等诸多方面都有具体的规定。

中国建筑文化反映出民族文化、异域文化的特征。在进一步开放、兼收并蓄的文化发展下，活跃的文化领域和异域文化的吸收带来自由的思想，促进了艺术领域的开拓，宗教传人又带来建筑的新形态和繁荣昌盛。可以说，中国建筑的文脉在外来文化的激发下，发生了延续中的文脉变异，表现出文化发展的整合风貌。例如，西汉张骞出使西域，打通了丝绸之路，给中国传统建筑带来了新的元素（图2-22）。

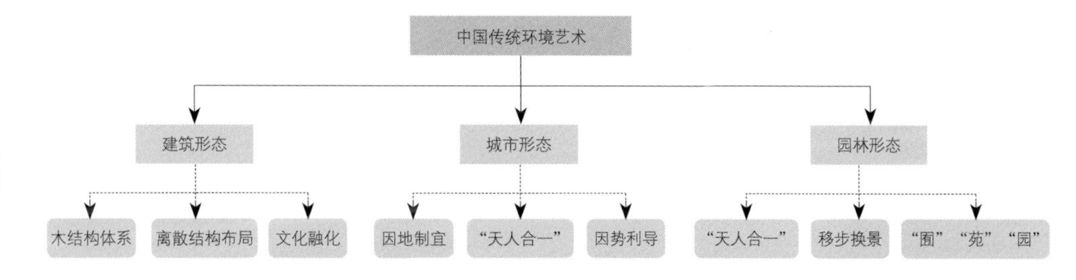

图2-19 中国传统环境艺术

图2-20 传统建筑的木结构体系

景风阁古建筑群始建于明末清初，由于古建筑都是木结构，历经千年的风雨侵蚀，必然会褪色、销蚀，失去原本夺目的光彩。

图2-21 多栋离散型布局

景风阁古建筑群集文庙、武庙、财神殿、佛塔为一体，且都是按照轴线布局，分散开来的，并没有全部聚集在一起。

图2-19
图2-20 | 图2-21

(a)汉朝舞蹈陶俑

(b)“马踏飞燕”雕塑

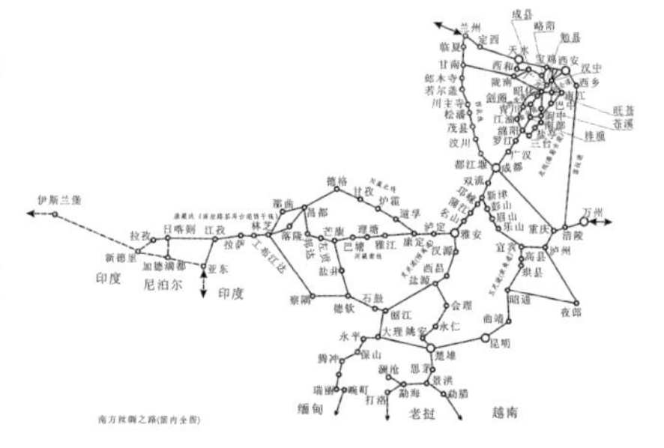

图2-22 汉朝的文化艺术品

丝绸之路的开辟，有力地促进了中西方的经济文化交流、宗教思想交流，西域的土产如葡萄、胡桃（核桃）、胡麻（芝麻）、胡豆（蚕豆）、胡瓜（黄瓜）、胡萝卜等，西方的音乐、舞蹈、绘画、雕塑、杂技，这些都传入中国，对中国古代文化艺术产生了积极的影响。

图2-23 南丝绸之路路线图（国内全图）

图2-22 | 图2-23

★补充要点

张骞西域之行

汉武帝建元年，汉武帝欲联合西迁的大月氏共击匈奴，张骞应募任使者。建元二年（前139年），张骞率兵出发，途中被匈奴俘获，中途滞留10年，后寻机逃脱，最终抵达大月氏，但大月氏已无攻打匈奴之意。张骞在西域一年后东返，途中在此被匈奴俘获扣留，直至元朔三年（前126年），张骞才趁机回到大汉，被汉武帝册封为太中大夫。

张骞出使西域虽未达目的，但收获大量西域重要的信息和资料。后来他第二次出使，开辟了一条新的路线直接绕过匈奴达到西域，完成对匈奴的战略合围，这条路便是南丝绸之路（图2-23）（中国西南转到缅甸，经印度，到达西域）。通常大家口口相传的“丝绸之路”其实是陆路的北丝绸之路，相比之下南丝绸之路更为艰险，还促进了佛教在中国的传播。

2. 城市形态

我国古文献《管子》一书中关于古代城市建设有详细记载，特意强调了中国古代城市的理性精神：一是环境意识中蕴涵的因地制宜思想；二是规划中“天人合一”的理想境界；三是因势利导的设计综合表现（表2-6）。

表2-6　中国古代城市形态

古代城市形态	城市形态图	特点
因地制宜		城市规划中常见，选址上，选择河流两岸或交汇处地势较高的地方居住；建筑群体布局上，按天体星象的位置一一对应营建，所积累的理性经验和城市规划思想在宫殿、住宅、寺庙及陵寝中广泛运用，如唐朝的佛光寺
“天人合一”		城市形态应顺应自然规律，达到人与自然的和谐，例如，长安城的城市规划，轴线贯穿整个长安城，各种功能布局全面、系统，建设有绿化楼阁，是真正意义上的城市山林

续表

古代城市形态	城市形态图	特点
因势利导		利用天然的地貌与各种资源，或者采用化整为零、集零成整的规划方法，力求园林环境与自然风貌融为一体，如圆明园

3. **园林形态**

"天人合一"的思想是影响中国古典园林形成的哲理因素。与西方园林崇尚"理性的自然"和"有序的自然"不同，中国园林注重自然环境朴素的生态意识，园林设计形成了自然的形态。

归根究底，园林最早起源于种植果木菜蔬的"圃"（图2-24），也是普通人生活的园林环境。商周时期才有了仅供王室专门集中豢养禽兽狩猎的场所——"囿"（图2-25）。明代园林学专著《园治》中叙述了这样一段话——"虽由人作，宛自天开"，是对中国园林基本特点的总结，古代造园者力图在有限的空间里创造出深远的意境，因而采取各种手段，造成变化、对比和层次，最后得到"移步换景"的园林效果（图2-26）。

受中国传统士大夫的隐士思想文化影响，中国传统园林注重自然环境的体验，以及人工建置与自然山水的结合。与儒家的礼制思想形成对照的是道家"天人合一"的自然观，即把自然审美提到"畅神"的高度，超越"比德"的精神功利性，发现自然美自身的审美价值，真正进

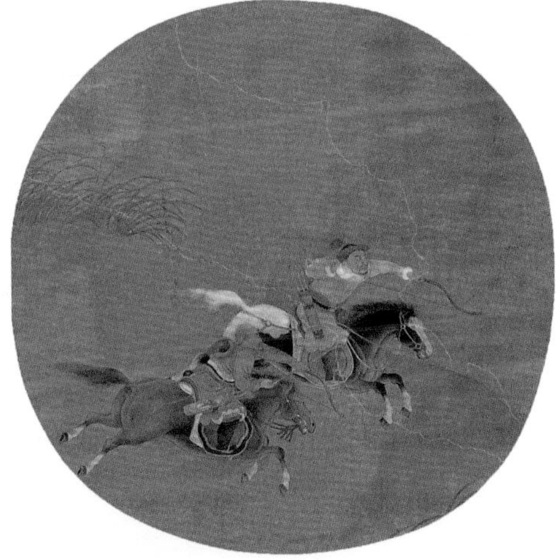

（a）

（b）

图2-24 "圃"

古代农耕作业还不发达，园林的最初形式为"圃"，以实用为主，主要种植一些可食用的果木菜蔬。

图2-25 "囿"

是一种狩猎、游乐的园林形式，囿中有各种自然滋生繁育的草木和珍奇鸟兽，且仅限于帝王和王孙贵胄狩猎、游乐。

图2-26 苏州留园

（a）（b）始建于明朝公元1794年，苏州留园与苏州拙政园、北京颐和园、承德避暑山庄并称中国四大名园。留园分为西区（山景为主）、中区（山水兼并）、东区（建筑区为主），园内建筑隔水相望，廊道曲折、迂回而富于变化。

图2-24 | 图2-25
图2-26

图2-27 狮子林

（a）（b）苏州四大名园之一，因园内“林有竹万，竹下多怪石，状如狻猊（狮子）者”，而得此怪名。又者将传统造园手法与佛教思想融合在一起，融禅宗之理，以假山著称。

（a）

（b）

入自然审美意识的高级阶段。对山水意蕴的敏感，影响着一批又一批的中国文人和士大夫对此心神向往，促进了中国传统山水诗画、游记、造园的高度发达，如南宋形成的西湖美景。

明清的园林成就集千年思想、美学和技术上的大成为一体。就园林布局、空间结构、景观组建及小品设置而言，都有着生动的表现。园林内安排厅、堂、轩、馆、楼、阁、亭、榭等园林建筑，结合山水特点合理地设置景点，恰当适宜，形成空间的大小对比、明暗虚实变化，达到步移景异、景色多样、层次丰富的建筑意境，如苏州沧浪亭、狮子林（图2-27）皆是个中瑰宝。

★补充要点

中国四大名园（表2-7）

表2-7　　中国四大名园

四大名园	园林图	初建朝代	特点
拙政园		明朝	位于古城苏州东北隅，全园的布局因地制宜，以水见长，假山、庭院错落有致，厅榭楼台华美、典雅，花木植被繁茂，是典型的江南园林，名冠江南
留园		明朝	位于江南古城苏州阊门外，旧时称作“东园”“刘园”，全园建筑布局紧密，空间处理巧妙，重檐叠脊，曲院回廊，疏密相宜，奇峰秀石，引人入胜，颇有江南风味
承德避暑山庄		清朝	位于河北省承德市中心区以北，武烈河西岸一带狭长的谷地上，全园山区颇多，因而形成山中有园、园中有山的独特形式
颐和园		清朝	位于北京市海淀区境内，其规模宏大，原是清帝王的行宫和花园，全园布局和谐，浑然一体，建筑依山而立，气派宏伟

二、中国传统园林美学

中国园林美学集中体现了传统景观意识。从商周和秦汉时期的皇家园林“囿”“苑”开始，魏晋南北朝发展出了崇尚自然美的山水园。此后，经唐朝至宋朝的发展，山水园林、私家园林日益成熟，产生了别具风貌的文人写意园。明清时期出现了大量的皇家园林和私家园林，形成园林发展的高峰期。

作为一种传统的典型景观空间类型，中国传统园林可以被看作是一种立体的山水园或是空间塑造成的诗（图2-28）。其擅长营造意境，注重美学，这些造诣远胜于其他类型的景观。

从园林创作手法上来看，写意是中国传统园林最主要的特征之一。中国传统园林不仅仅局限于对自然景观的模仿，其本质是对自然景观的提炼和抽象，也是景象和意境的塑造。中国传统园林与传统山水画有异曲同工之处，它们都是将自然景致的气势和细部抽象、重组而成，而不是按比例实景临摹。

从园林的起源和理想模式上看，早在战国时期，民间就已流传许多神仙和仙境的传说，比较典型的有海外仙山“蓬莱、方丈、瀛洲”（图2-29）和“昆仑瑶池”。据《史记·封禅书》记载：“自威、室、燕昭使人入海求蓬莱、方丈、瀛洲。此三神山者，其传在渤海中，去人不远。患且至，则船风引而去。盖尝有至者，诸仙人及不死之药皆在焉。其物禽兽尽白，而黄金白银为宫阙。未至，望之如云及到，三神山反居水下：临之，风辄引去，终莫能至云。”

据《山海经·海内西经》记载：“昆仑之虚，方八百里：高万——百神之所在，在八隅之岩，赤水之际。”蓬瀛为秦始皇所建造，是中国园林史上第一个模拟海上仙山的建筑，至此这种虚构的仙山幻想，成为一种理想的仙境模式。与西方的神话之地“伊甸园”不谋而合（图2-30），都对园林产生了深远的影响。

（a）二十四桥

（b）五亭桥

图2-28 瘦西湖

（a）（b）《扬州鼓吹词序》一诗词中，词人吴绮曾曰：“城北一水通平山堂，名瘦西湖，本名保障湖。”说的即瘦西湖，它因诗句“烟花三月下扬州”而闻名天下，也如诗词句描绘的那般“奇彩流光百媚呈”。

图2-29 蓬莱仙境图

传说中蓬莱是仙人居住的地方，是仙境。相传岱舆、员峤、方壶、瀛洲、蓬莱五座仙山坐落在归墟（渤海东部的一个大深渊），其中“蓬莱仙境”即指蓬莱仙山。

图2-30《亚当和夏娃在伊甸园中》

伊甸园是地上的乐园，也是西方神话中亚当和夏娃的住处。《圣经》记载伊甸园在东方，幼发拉底河、底格里斯河、基训河和比逊河这四条河从伊甸之地流出并滋润园里。

图2-28
图2-29 | 图2-30

(a)

(b)

图2-31 沧浪亭

(a)(b)沧浪亭原是苏州文人苏舜钦的私人花园，园林由山石、复廊及亭榭绕围，建于湖中央。

图2-32 吉萨金字塔群（大金字塔）

吉萨金字塔群反映出当时的数学、几何等科学的进步及建构技术的发达。

图2-33 卡纳克阿蒙神庙

卡纳克和鲁克索是两处规模最大的阿蒙神庙，从卡纳克阿蒙神庙开始到鲁克索阿蒙神庙之间的石板大道两侧密排着圣羊像，巨大的形象震撼人心，压抑之感顿生，让人备感崇拜。

★补充要点

苏州四大名园

沧浪亭、狮子林、拙政园、留园统称“苏州四大名园”。四大名园集苏州园林与江南园林建筑艺术的精华所在，分别代表着宋、元、明、清四个朝代的不同造园风格。

每个园林各有特色，沧浪亭以水榭、筑亭而得此名（图2-31）；狮子林假山、楼台遍布，怪石嶙峋；拙政园最具古典山水园林特征；留园既是苏州名园，也是中国名园，园内建筑布置精巧，奇石多如繁星。

第三节　国外环境艺术设计

一、古欧洲环境艺术设计

1. 古埃及

众所周知，古埃及是西方文明的发祥地，以陵墓建筑和宗教建筑而声名远播。由于当地日照强、炎热干旱，古埃及人擅长运用有限的树木和水体资源来营造阴凉湿润的环境。古埃及也有自己的象形文字系统、完善的政治体系及多神信仰的宗教系统，其统治者称为法老，古代埃及国王的陵墓又被称作金字塔。

典型的陵墓建筑代表有吉萨金字塔群（大金字塔）（图2-32）、卡纳克阿蒙神庙（图2-33）。吉萨金字塔群反映出当时的数学、几何等科学的进步及建构技术的发达。其中，又以法老的金字塔陵墓最为著名。其建筑尺度宏大、宏伟庄严，建筑语言鲜明，其中最大的一座高146米。金字塔的石构技术显现出坚固、耐久的特点，随着时间的推移也逐渐成为西方建筑材质语言的基本词汇。而卡纳克阿蒙神庙是庙宇建筑群的代表，建筑内神秘、幽暗，讲究空间形态上的轴向分布，反映出当时多神崇拜的早期宗教形态。最初古埃及园林只是附属于神庙建筑，多以林木设计为主，设有大型水池，花岗石驳岸，种植荷花与纸莎草，并放养圣物鳄鱼。

★补充要点

古埃及金字塔

约公元前3500年，数个奴隶制小国陆续在尼罗河两岸建立起来。约公元前3100年，初步统一的埃及古国建立。古埃及国王被称作法老，也被看作是神的化身，拥有至高无上的权力。法老生前为自己修建巨大的金字塔陵墓，死后长眠于此，金字塔也是法老权利、身份的象征。因这些巨大的陵墓建筑形似大写的汉字“金”字，因此将其称为“金字塔”。金字塔是世界七大奇迹之一。埃及共发现金字塔96座，开罗郊区的胡夫金字塔为现今最大的三座金字塔，还有一尊狮身人面像守卫着法老们的陵墓。

2. 古罗马

古罗马先后经历了城邦时代、共和时代和帝国时代，由一个意大利的小城邦扩展而成为拥有辽阔疆土的多元化民族。在常年的征战过程之中，古罗马人由对自然的崇拜转投向对帝王英雄的崇拜，并将快乐主义和个人主义作为他们的思想内核，更加倾向追求浮华的世俗化。

图2-34 万神庙

古罗马人认为自己的都城位于世界中央，因此他们的建筑与园林讲究对称、秩序及烦琐美，空间环境追求正交轴线形成的中心和划分的四限。古罗马人还发现了一种新的建筑材料——火山泥，他们利用火山泥优越的特性创造了天然混凝土，也建造起了大规模的宫殿与城市建筑，成就了罗马帝国的宏伟盛世。

典型的建筑代表有古罗马万神庙（图2-34）、著名的角斗场（图2-35）。古罗马万神庙为单体建筑，规模尺度宏大，内部构造井然有序，外部环境极具个性；而角斗场恰恰反映出了当时古罗马人好斗、喜群聚活动的性格，建筑环境具有非常强烈的中心聚集感与领域性，为古罗马的象征。

图2-35 角斗场

古罗马建筑表现出明显的偏向军事化、世俗化、君权化。"军事化"具体表现为修建战争防御系统、桥梁、输水等先进的战略设施；"世俗化"与"君权化"具体表现为修建公共浴池（图2-36）、斗兽场、宫殿、剧场等功能空间，在城市街道主干道的起点和交叉处常设置有纪念性的凯旋门（图2-37），重要地段设置整齐的列柱，其宏伟壮观彰显着一种英雄主义气概。

★补充要点

哈德良离宫

公元114～138年，罗马帝国哈德良皇帝仿造各地喜爱的建筑修建哈德良离宫（图2-38）。哈德良离宫地势复杂，处于两条河流的交汇点上，修成几个平面以安置各组建筑群。

虽是仿造，却也别出心裁，离宫中有宫殿、庙宇、浴场、图书馆、剧场、敞廊、亭榭、鱼池等，布局精巧，设计精致，极为奢华。据说已考证的建筑中，就有35个水厕，30个单嘴喷泉，12个莲花喷泉，10个蓄水池，6个大浴场，6个水帘洞。

3. 古希腊

古希腊不是一个国家的概念，只是一个地区的称谓，其位于欧洲东南部，地中海的东北部，有着得天独厚的地理位置、宜人的气候。古希腊是西方文明的主要源头之一，主要从事海外贸易、海外殖民和经济文化交流，因此古希腊人的经济繁荣，科技发达，且有着积极的理性认识和平等的民主作风，审美崇尚康健、有力，有善于雄辩的哲理精神。

典型的建筑代表有古希腊雅典卫城（图2-39）。雅典卫城是古希腊鼎盛时期的杰出之作，是以神庙建筑为主体，集城市建筑、城市规划为一体的古建筑群。雅典卫城不仅居于山丘之上，且四面围护着坚固的防护墙，易守难攻，

图2-36 公共浴池

图2-37 凯旋门

图2-38 哈德良离宫

图2-36 | 图2-37 | 图2-38

图2-39 雅典卫城遗址

(a)

(b)

也是古代希腊人战争避难的场所。雅典卫城顺应其地形特征，将山冈、大海与城市建筑关联起来，将周围环境带进完整的和谐状态，是西方古典建筑群体组合的最高艺术典范。

古希腊人崇拜林木，在神庙周围利用天然林木或人工形成圣林与神苑景观，并将园林环境引入他们的私家居所，开始发展为绿化、雕塑、建筑一体的艺术性园林，在罗马帝国时期长远地发展了下去。

4. 意大利文艺复兴

1453年，东罗马拜占庭帝国灭亡了。随之而来的是大量学者以及古希腊、古罗马的艺术成果流向了意大利，促进了当地人文精神的传播与交流。

中世纪后期，意大利处于东西方商路的要道，产生了许多富庶的工商城市，资本主义生产关系萌芽，代表新兴阶级意识的“人文主义”精神迅速发育。德国的宗教改革运动，打击了罗马教会的权威，冲破了天主教在西欧长期的神学思想禁锢。环境艺术中的古典建筑、雕塑和绘画得到弘扬，在单体建筑、城市广场、理想城市的设计中，产生了几何整体明确、集中感强的形体与空间环境构图，反映着理性的人类场所精神，在欧洲产生了广泛的影响。典型的建筑代表有意大利北部的佛罗伦萨大教堂（图2-40）、法国北部的枫丹白露宫（图2-41）。

意大利文艺复兴时期的园林景观讲究以人为中心、规则美及建筑美，力求使大自然服从于人的意志。景观布局呈正中轴型，植物修剪整齐，几何图案的渠池以及直线、弧线的台阶，园路、矮墙在主轴上串联或对称呼应，讲求精致的人为艺术构图。

图2-40 佛罗伦萨大教堂

综合了古罗马与哥特建筑的工程技术与古典美学原则，具有体量宏大、色彩鲜艳的特色。

图2-41 枫丹白露宫

是法国最大的王宫之一，有众多的寓意画、水果装饰品、花环彩带和丰富的石膏花饰、雕塑品。

图2-40 | 图2-41

二、十七八世纪的欧洲环境艺术设计

1. 巴洛克

至欧洲文艺复兴运动过后，随着天主教的传播，直到十七八世纪时期，欧洲开始盛行巴洛克艺术风格。其影响远及拉美以及一些亚洲国家。

巴洛克作为一种新兴的艺术风格，在时间、空间上都影响颇为深远。它不再局限于文艺复兴思想的理性思维与重复的形式，而是尝试在创作中运用想象力和灵感，从而形成了巴洛克艺术风格。这种风格打破了文艺复兴时期的严肃与拘谨、含蓄与均衡、豪华与气派（图2-42），转而更加注重强烈情感的表现，其热烈紧张的气氛具有戏剧性、刺人耳目、动人心魄的艺术效果（图2-43）。

文艺复兴时期与巴洛克时期的建筑画最直观的表现在于，前者的建筑平面图是正方形、圆形和十字形等简单的图形，而后者则不拘泥于此，其中最典型的特征就是运用椭圆形、橄榄形、规则的波浪状曲线、反曲线以及从复杂的几何图形中变化而来的更为复杂的图形，相较而言不会显得静态呆板。受巴洛克艺术的影响，教堂、宫殿与广场设计结合各地的特点而各有所长，如圣卡罗教堂（图2-44）、圣彼得堡大教堂（图2-45）。

2. 法国古典主义

巴洛克艺术在意大利盛极一时，而法国古典主义却走了另一条发展道路。在17世纪后期，路易十四统治下的法国成为继古罗马帝国后欧洲最强大的君主政权帝国，王权至上的观念进一步发展、扩大。最终形成了更重视人们理性思维、系统观念以及严密形式法则的法国古典主义。

约公元500年，当古典主义还未在法国大肆兴起时，最初的园林主要以实用性为主，多栽种瓜果、蔬菜等可食用的植物。此时的园林尚处于发展的萌芽阶段。在经历12世纪至18世纪的战争、文艺复兴运动、政变等一系列变故之后，园林艺术也发生了新的变化。园林设计开始采用严格的对称形式，但局部处理未能统一，局部变化零散。这一时期的法国园林既受到了意大利园林的影响，又经历了自身的不断发展。

图2-42 文艺复兴时期壁画

图2-43 巴洛克时期建筑

图2-44 圣卡罗教堂

经典的巴洛克建筑，修道院内部有着精美的壁画，图书馆藏有无数的中世纪手稿。

图2-45 圣彼得堡大教堂广场

是巴洛克艺术大师贝尼尼的作品，巴洛克时期最重要的代表性建筑，也是罗马基督教的中心教堂，教堂平面为希腊十字，方尖碑耸立在圣彼得广场中央。

图2-42	图2-43
图2-44	图2-45

直至17世纪凡尔赛宫苑的完成，最终确立了法国古典主义园林的式样。凡尔赛宫苑由路易十四时期的园林师安德烈·勒诺特尔设计，同时也代表着法国古典园林的最高水平。这一时期的园林设计追求壮观严整，协调对称，强调轴线和主从关系。18世纪后，法国古典主义园林受到中国和英国园艺的影响又发生了新的变化，转而追求亲切而宁静的氛围，更加贴近自然。另外，法国的园林艺术最开始是出自建筑师之手，特别是古典主义园林受建筑的影响非常深远；这也说明了法国建筑艺术的高超，法国建筑现今留下了许多不朽之作，如世界最大的艺术博物馆卢浮宫（图2-46）、巴黎圣母院（图2-47）和凯旋门（图2-48）。

★补充要点

卡比多市政广场（图2-49）

也称作市政广场，是由文艺复兴三杰之一的米开朗基罗（画家、雕塑家、建筑师和诗人）设计。

卡比多市政广场是欧洲文艺复兴的发源地，建立在卡比多山上，呈对称的梯形，前沿完全敞开，广场倾于严整，突出中央轴线，广场周围的建筑底层有开敞的柱廊，是设计师独创的形制。

（a）　（b）

（a）　（b）

（a）　（b）

图2-46 卢浮宫博物馆

（a）（b）原法国王宫，后经大规模整修，转变成收藏有丰富的古典绘画和雕刻的专业博物馆，物馆的正门入口处有一个标志性的透明金字塔建筑，由著名华人建筑师贝聿铭设计。

图2-47 巴黎圣母院

（a）（b）这是一所位于巴黎市中心的著名教堂建筑，属于哥特式建筑形式，它的祭坛、回廊、门窗等处的雕刻和绘画精美绝伦，也收藏着大量艺术珍品，是历史上最为辉煌的建筑之一。

图2-48 巴黎凯旋门（建筑设计师夏格朗）

（a）（b）也称作雄狮凯旋门，是帝国风格的代表建筑，拿破仑为纪念、迎接日后凯旋的法军将士而修建，门楣上还刻有拿破仑指挥的所有大型战役的名字及法国革命战争的名字。

图2-46
图2-47
图2-48

图2-49 卡比多市政广场

三、印度与两河流域的环境艺术设计

1. 印度

《大唐西域记》中有记载，唐朝高僧玄奘大师途经天竺国（古印度）时是这样描述的："居人殷盛，池馆花林，往往相间"。公元前5世纪末，雅利安人将"大陀文化"带到了印度，由此产生佛教。印度的环境艺术在很大程度上受宗教文化的影响，而佛教主导着当时的印度文明。直到11世纪到15世纪，印度被伊斯兰教徒占据，才改变这一现状。

宗教文化的强势入侵，使得世俗生活和建筑都被有意忽视。佛教石窟是印度的一种佛教建筑形式（图2-50），僧侣们常在崇山峻岭的幽僻之地开凿石窟，用以修行。印度石窟通常会在三面开凿几间方正的修行室，中心开辟一间方厅，用柱子加以支撑。随着佛教的兴盛，石窟艺术在亚洲各地区得以保存、延续。而中国现存的古老石窟也多是仿照印度石窟来开凿的。

受宗教的影响，环境艺术表现出强烈的"中心"意识。最典型的佛教建筑就是印度的桑奇窣堵坡（图2-51），其主体为半球形的穹顶，四周围以石栏，顶部为石柱阵，象征着菩提；在石栏上雕刻着佛教故事，人们欣赏故事，空间在佛教故事中得到了升华。

2. 两河流域

两河流域是世界上文化发展最早的地区（图2-52），世界上第一座城市便建造于此。两河流域是指底格里斯河与幼发拉底河之间的美索不达米亚平原，这里的土地肥沃，地形宽阔，形似一弯新月，也称被作"新月沃地"。

在这片土地上几经历史变迁，出现过苏美尔王朝兴衰与复兴的时期、亚述时期、阿卡德王国时期、古巴比伦王国时期、新巴比伦王国时期、波斯帝国时期等。期间由于种族众多，其历史文明更是更替交织，天文历法、几何代数、语言文字、艺术、建筑设计等高度发展，影响深远。

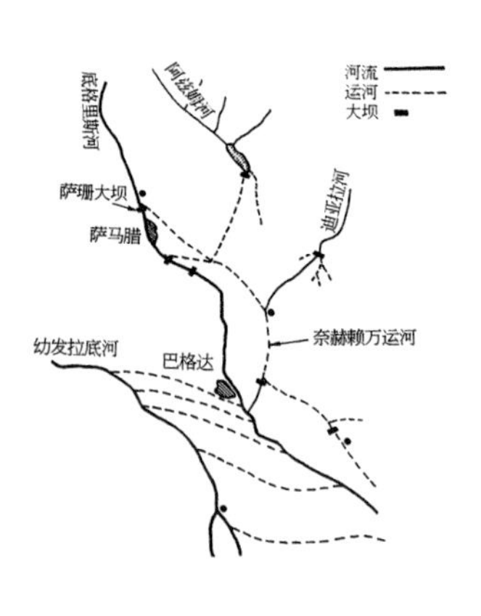

图2-50 埃洛拉石窟

图2-51 桑奇窣堵坡

图2-52 两河流域位置

图2-50 | 图2-51 | 图2-52

★小贴士

"空中花园"

"空中花园"被誉为世界七大奇迹之一（图2-53），是由巴比伦国王为其思乡患病的妃子所建造，现已不复存在。据希腊历史学家狄奥多罗斯描述："该园在不同高度逐层收小的台层上布满带拱廊的建筑物，台层面植各种树木花草，远看宛如悬在空中"。相传空中花园是在四层平台之上，采用立体造园手法搭建而成，花园里面的花草树木种类繁多，并设有手动灌溉系统，浇灌时由奴隶不停地驱使转动。整个花园远观犹如悬设在半空中。

四、近代环境艺术

18世纪末到19世纪初，受英国公园运动和美国公园设计影响，园林形态开始发生改变。英国公园运动注重城市引入乡村的风景，改变城市中的街道和点状的广场。受英国公园运动的影响，美国在城市规划中引入了大型的城市公园，典型代表有纽约的中央公园（图2-54）。

19世纪末至20世纪初，随着玻璃、钢铁和混凝土等新材料的产生和广泛运用，人们开始探索、变革设计语言，西方环境艺术处于技术与经济飞速发展的状态。经济的发展和文明的进步使得艺术门类之间相互吸取灵感，设计也迎来一个全新的时期。

人口的膨胀和资产阶级革命，提高了社会生产力，使得社会具备了民主自主性，人们有权利改善自己的生存环境。公共卫生、环境保护和城市美化运动先后改变和主导了现代城市面貌的形成。最为知名的便是巴黎城市的改建，引来欧洲其他国家纷纷效仿。城市改建强化南北和东西主轴线，形成城市节点空间，东西向的城市节点有星形广场、香榭丽舍大道（图2-55）、协和广场（图2-56）、丢勒里花园。以古典复兴形式打造沿街建筑立面，使巴黎成为最美丽的近代化城市。

（a）

（b）

（c）

图2-53 巴比伦"空中花园"

图2-54 美国中央公园全景

设计师奥姆斯特德率先提出以建筑结合自然风景的景观建筑学概念，在近现代建筑学发展中，人们不断将其完善。

图2-55 香榭丽舍大道

又被称为凯旋大道，横贯首都巴黎的东西主干道，位于卢浮宫与新凯旋门连心中轴线上。

图2-56 协和广场

是法国最著名的广场，呈八角形，埃及方尖碑矗立在广场的中央，其位于塞纳河北岸，巴黎中心。

图2-54 | 图2-55 | 图2-56

第四节　案例解析：中国传统生态环境保护理念

现代生产力的高速发展，迫使人类对生态系统的需求急剧增加，致使人类不断地大规模地向大自然索取，导致当前社会出现了空气污染、水质恶化、气候变暖、资源匮乏等一系列的生态环境危机。在中国博大精深的传统文化宝库中，蕴含着许多关于生态环境保护的理念和思想，发人深省，值得现代人类学习借鉴。

一、天人合一

“天人合一”是儒家思想的哲学基础。儒家认为“天”具有独立不倚的运行规律，自然界本身是一个生命体。“人”是天地生成的，存在于自然秩序中，万物相互依存而形成一个整体，强调人与自然环境息息相通，和谐一体（图2-57）。儒家主张“天人合一”、共生共荣的思想，既反对“人类中心主义”，也反对“自然中心主义”，主张二者和谐统一。按照“中和”的原则处理人与自然的关系，以保持大自然的生机和谐及环境生态平衡。

二、重物节物

儒家主张人应节制欲望，以便合理地开发利用资源，使自然资源的生产和开发进入良性循环状态。儒家反对滥用资源，提出了“节用而爱人，使民以时”的理论思想，主张“万物各得其和以生，各得其养以成”“草木荣华滋硕之时，则斧斤不入山林，不夭其生，不绝其长也”，表明了人类应遵循自然规律，以时禁发、重物节物才能使万物各按其规律正常地生长不息（图2-58），才能够有取之不尽、用之不竭的生活资源。

图2-57 豫园

（a）中国古代园林是中国传统文化的重要组成部分，其特色鲜明地折射出中国人自然观、人生观和世界观的演变，蕴含了儒、释、道等哲学或宗教思想及山水诗、画等传统艺术的精华。（b）园林凝聚了中国知识分子和能工巧匠的勤劳与智慧，体现了古代“天人合一”的造园意境。

（a）

（b）

(a)

(b)

(c)

图2-58 豫园内部自然景观

(a)(b)(c)古代园林造景常用到光怪陆离的假山石、坚韧不拔的竹林、挺拔傲骨的松柏等自然资源，构成一个供人们观赏、游息、居住的环境，也是为了补偿人们与大自然环境相对隔离而人为创设的“第二自然”。

三、道法自然

道家认为自然生态系统具有规律性，这就是“道”，宇宙的一切，包括天地万物和人都是从“道”产生的，万物虽不相同，但都是在“道”的支配下相互依存的有机整体系统，并且指出人类只有尊重生命，善待万物，方能使天、地、人等宇宙万物实现自然生态的和谐统一，以达到人与自然生态环境协调发展的良好局面（图2-59）。

道家还认为“道”具有自然无为的特性，人应顺应天道的规律来规范自己的行为，人与自然万物共生共荣，强调天、地、人之间的生态平衡关系（图2-60）。

四、传统生态环保理念对现代环保工作的启示

在我国的传统思想文化中，儒、释、道三家都强调人应和自然、社会和谐共处，强调人类应善待自然，爱护自然，遵循自然规律，节约自然资源（图2-61）。儒家“天人合一”的思想强调人与自然是统一和谐的关系，警示人们保护环境、保护自然就是保护人类自身，引导人们正确认识和处理人与人、人与社会、人与自然、局部利益和全局利益、眼前利益和长远利益的关系，告诫人们要注重发展的可持续性。

五、案例总结

中国传统文化中保存着“内在而为诞生的最充分意义上的科学”，中国博大精深的传统文化在全世界范围内都有着重要的影响力。推进现代生态环保工作，以中国特色的传统环保理念“天人合一”“道法自然”“利乐有情”的哲学思想为启示，对落实可持续发展战略，构建“环境友好型”社会有着重要的启迪意义。

本章小结

本章详细解读了环境艺术设计的起源及中外环境艺术设计的发展历史，让读者能够体会到世界各国环境艺术设计的伟大创造和光辉成就，感受到世界各国在各个历史时期环境艺术设计的特色和民族风格。应从世界设计文化中借鉴其卓越的设计意匠和方法，并将学术性、知识性、趣味性融于一体。

图2-59 人与自然生态环境协调发展

崇尚自然是道家思想的基本特色

图2-60 人与自然万物共生共荣

对于当代环境保护意识的建立，对于合理而有节制的开发利用资源，都具有十分重大的现实意义。

图2-61 千年潜山黄泥镇

（a）黄泥镇作为古代边界重镇，“一脚踏三县，一帆通四海”（与潜山、太湖、怀宁三县接壤），相传源于明初洪武的一次大迁徙，才有了现今历史久远的传统古镇。

（b）可以看到墙面斑驳的历史痕迹，一代人的老去、一代人的活跃，几经变迁，古镇的“气息”早已侵入一代又一代人的骨髓，根深蒂固，也因此至今人们仍然能够感受到它深厚的文化底蕴。

（c）清朝后期，国内太平天国农民起义与西方列强不断入侵，使得黄泥镇多次成为战场，在民国书卷《潜山县志》《曾国藩全集》《胡林翼全集》等皆有记载，而至今古镇还保留着营盘的遗址。

（d）古镇狭窄的街巷随处可见自家晾晒的传统手工工具，这里的居民将古人的劳动智慧沿袭至今，包括各式风格的院落和建筑，具有极高的保护与研究价值。

图2-59 | 图2-60

图2-61

（a） （b）

（c） （d）

第三章

环境艺术设计理论与设计原则

识读难度： ★★★★☆

重点概念： 理论基础、形态要素、形式法则、设计原则

章节导读： 人本身是一种有理性的生命体，本能地向往秩序美。设计也有它自己的秩序与原则，这些就是设计的形式法则。探讨、研究美好的形式法则，是所有设计学者的共同课题与终生事业。设计的形式法则理论不是一个独立存在的个体，也不是一蹴而就的，而是结合了美术与建筑的审美经验从而逐渐发展形成的（图3-1）。本章通过对环境艺术设计作品的阐述与分析，结合设计的理论与设计美学原则，让大家更好地了解设计的形态要素，掌握设计的形式法则。

图3-1 西班牙广场（建筑设计师德·桑蒂斯和斯佩基）

位于意大利罗马三一教堂，原是早先西班牙总督旧址，内有总督邸宅、花园、巧克力屋、西班牙拱门等建筑物，广场最先以登上教堂的西班牙阶梯而闻名。

第一节　环境艺术设计理论基础

一、主要内容

环境艺术设计的内容非常丰富，主要包括建筑设计、室内设计、公共艺术设计、城市设计、园林景观设计（表3-1）。环境艺术设计中的城市设计与现代意义上的城市规划相比，其侧重于具体空间形态的建构，比较偏重空间形体艺术和人的知觉心理，而现代意义上的城市规划则更注重社会经济和城市总体发展计划。与景观设计不同，环境艺术的园林景观设计分类更为广泛。

表3-1　环境艺术设计的主要内容

主要内容	设计图	定义	具体分类内涵
建筑设计		建筑物或构筑物的结构、空间、造型、功能等相关设计，包括建筑工程设计和建筑艺术设计	建筑工程设计是以解决人类生存场所（建筑）为目的，通过技术手段达到承重、防潮、通风、避雨等功能；建筑艺术设计则通过艺术思想研究建筑所展现的风格和形态
室内设计		建筑物内部的空间构成、功能要求、样式风格的设计	按照使用类型分为居住空间、办公空间、公共空间、展示空间四大类型
公共艺术设计		在开放性公共空间中进行的艺术创造与相应的环境设计	包括街道、公园、广场、车站、机场、公共大厅等室内外公共活动场所，设计主体是公共艺术品及市政设施
城市设计		城市社会的空间环境设计，以提高空间的环境质量和生活质量	包含社会系统、经济系统、空间系统、生态系统、基础设施等几个方面
园林景观设计		建筑外部的环境设计，包括庭院、街道、公园、广场、桥梁、滨水区域、绿地等外部空间的设计	包含视觉景观形象、环境生态绿化、大众行为心理三个元素，并呈现出城市规划、建筑、维护管理、旅游开发、资源配置、社会文化、农林结合等学科交叉综合的特点

二、研究对象

环境艺术设计以满足某种实用功能为前提，而实体是实用功能的载体。因此，环境艺术设计的研究对象便是实体，狭义上，实体主要是指人能进入其内，能够遮蔽风雨、起围合作用的空间。广义上，实体包含了人为环境中的所有建构，可分为以下四大类（表3-2）。

表3-2　　环境艺术设计的实体研究对象

环境艺术设计的实体研究对象	设计图	内涵
建筑实体		建筑具有功能性、时空性、民族性、地域性，在环境艺术中具有对场所进行定义的重要功能，还应对构成建筑的材料、技术、形式、功能进行研究
构筑物		指人们不直接在其内生产和生活但却能为人们提供休憩、停留场所的人为构筑实体，其围合程度远低于建筑实体，在尺度、材质、造型上灵活多变，具有通透性、互动性强的特点，如亭、桥、廊等
标识物		是指在环境中起到引导与识别作用的人为构筑实体，也是一个场所中具有精神指向功能的实体，如雕塑、纪念碑、钟楼、牌楼等
附属设施		和人的行为密不可分，也是环境艺术中重要的实体研究对象，包含座椅、电话亭、垃圾箱、装饰小品等

三、理论基础

1. 环境生态学

环境艺术设计不仅是一门解决现实需要或矛盾的学科，更重要的是，环境艺术设计已在某种价值观念的指导下找到解决问题的方法。目前环境的生态问题变得越来越严峻，正视人类所面临的重大环境问题，是我们的职业使命，进而产生了环境生态学。

环境生态学是一门渗透性很强的边缘学科，主要研究在人类干扰条件下，生态系统内在变化机理、规律和对人类的反效应，寻求受损生态系统的恢复、重建及保护生态对策的学科。

技术水平的增长致使人类掠夺性地开发自然资源，导致大自然的自我调节能力下降，人与自然的关系失去平衡（图3-2）。因此，我们必须运用环境生态学的原理和方法来认识、分析和研究城市生态系统及环境的问题，运用已掌握的科学技术为保护生态提供服务（图3-3）。

2. 环境行为心理学

环境行为心理学主要研究建筑环境与人的行为、感觉、情绪之间的关系。包括人的行为与人造环境、自然环境之间的相互联系，物理环境和人类行为及经验之间的相互关系。这一学科涉及心理学、社会学、地理学、文化人类学、城市规划、建筑学和环境保护等多门学科知识。因此，环境行为心理学具有很高的应用价值与研究价值，其主要研究主体都指向了人，把人作为物质环境（城市、建筑和自然环境）中的主体，研究人在各种状态和环境中的行为特性等。

在以人为本的设计原则下，环境设计主要顺从人的感觉，重视对人的心理感受、行为特点的研究，从人的感觉、知觉与认知等心理学范畴出发，结合人在环境中的知觉理论，对场所的特性进行新的认识。

例如，从个体上说，噪声、拥挤和空气质量对人体身心健康的影响（图3-4）；从群体上说，个体与群体的相互关系在空间上的运用（图3-5）。

最终，扩大到对整个城市环境的认知和城市环境的体验，从而形成环境心理学的六种理论框架，包括唤醒理论、环境负荷理论、应激与适应理论、私密性调节理论、生态心理学和行为情境理论、交换理论。

3. 建筑人类学

环境艺术设计的主要代表就是建筑，建筑反映了人类在社会进展中，改造世界的思想和方法，从而带来文化的改变。因而，我们在了解建筑人类学之前，首先要了解文化人类学。

文化人类学主要研究人类社会的文化现象，它是众多应用学科的重要理论参考，尤其为建筑的历史理论研究和建筑创作提供了新的维度。建筑作为文化的重要载体，对它的研究应当建立在整体文化的基础上（图3-6）。运用文化人类学的理论和方法，分析习俗与建筑、文化模式与建筑模式、社会构成与建筑形态之间的关系，从而说明建筑人类学的定义。

图3-2 生态水系遭破坏

工业废水和城市生活污水超标排放，湖海生态水系遭到严重污染，当地志愿者清理受污染的湖面。

图3-3 恢复生态平衡的西流湖

治理后的西流湖，水质变得清澈，浮萍藻类消失，生态环境得到了改善。

图3-4 噪声、拥挤和空气质量对人体身心健康的影响

图3-5 空间中个体与群体的相互关系

图3-2	图3-3
图3-4	图3-5

建筑人类学注重研究社会文化的各个方面，研究人类的习俗活动、宗教信仰、社会生活、美学观念及人与社会的关系（图3-7）。在我国的传统建筑形态、建筑历史与理论及建筑创作等领域的研究中，也已体现出建筑人类学思想方法的渗透。应向各个领域，特别是相邻学科吸收有价值的养分。其中，建筑人类学特别善于就文化对设计的影响作深入的研究，对环境艺术设计而言，具有非常高的借鉴意义。

4. 环境美学

环境美学也可称作“应用美学”，指有意识地将美学价值与准则贯彻到日常生活中。环境并非在人类世界之外，也设有表面的地理边界，从抽象理论和具体情境这两个层面，美学将帮助我们来感悟自然与人的关系，且它们之间密不可分。

我们应用审美来欣赏自然，将自己投入到大自然中，成为大自然的一个组成部分，在审美体验中领悟美学共同体的存在（图3-8）。环境美学将环境作为审美对象，更注重设计的伦理观念，更重要的是在感知层次上对人与自然亲密连续性的体会和认知。人对自然环境美的欣赏，不仅仅是视觉的享受，还涉及嗅觉、触觉、听觉、味觉，乃至肌肉的紧张和放松等身体的全部感觉。人是自然整体的一部分，也是纯粹意识的存在。

（a）（b）（a）（b）（a）（b）

图3-6 黑龙潭

（a）（b）关于黑龙潭还有一段神话传说，相传古时候黑龙将白龙潭让给弟弟白龙，自己孤身来到此地勤勤恳恳地耕种，云蒙老祖感念黑龙憨厚勤快，送给他一条彩带和十八条珍珠，黑龙将珍珠洒在此地，由此形成十八个奇潭。许多建筑都有自己的文化标记，也是文化的一部分。

图3-7 泰国清莱府灵光寺（白庙）

（a）（b）“白色代表了纯洁，闪闪发光的玻璃片是智慧的象征”，佛寺庙堂外部以镜子的碎片作为装饰，内部有巨幅佛像壁画，整个建筑充满现代化风格，完美地诠释了佛教的含义、佛教的精华及佛教的智慧。

图3-8 园博园

（a）（b）园博园设有入口主题展示区、传统园林集锦区、国际园林展示区、现代园林展示区、三峡生态展示区和景观生态体验区六大展区，置身其中，可欣赏自然环境美，也是一场全身心的盛宴。

图3-6
图3-7
图3-8

第二节　环境艺术设计形态要素

意识产生功能 → 功能决定形式 → 形式反映意识

图3-9 环境艺术的形态、意识、功能的构成

一切造型艺术都要对“形态”进行研究，“形”意为“形体”“形状”“形式”；“态”意为“状态”“仪态”“神态”。形态也就是指事物在一定条件下的表现形式，它是因某种或某些内因而产生的一种外在的结果。

构成环境艺术的形态要素有形状、色彩、肌理等，它与功能、意识等内在因素有着相辅相成的联系。作为外在的造型因素，形态是传达设计物的功能与意识等内在因素的直接媒介，它的产生受到实用功能的制约，同时又对意识的形成具有重要的反馈作用（图3-9）。

图3-10 具象形态

造型因素中的形态有两个方面的意义：一方面是指某种特定的外形，是物体在空间中所占的轮廓，自然界中一切物体均具备形态特征，另一方面还包括物体的内在结构，是设计物内外要素统一的综合体。

形态又可分为具象形态和抽象形态两种类型。具象形态即现实形态，泛指自然界中实际存在的各种形态，人们可以凭借感官和知觉经验直接接触和感知（图3-10）。抽象形态即纯粹形态和理念形态，经过人为思考凝练而成，且人工成分居多，包括几何抽象形、有机抽象形和偶发抽象形（图3-11）。

图3-11 抽象形态

一、形体

任何一个物体，只要是可视的，都有形体，也是我们直接建造的对象。形以点、线、面、体、形状等基本形式出现，并由这些要素限定、围合空间，决定着空间的基本形式和性质。这五个基本形式在造型中具有普遍的意义，是形式的原发要素。

1. 点

点在概念上是没有长、宽、高的，它是人们虚拟的形态，是静止的、没有方向的（图3-12）。点是最小的构成单位，具有最简洁的形态，在环境艺术中因其凝聚有力、位置灵活、变化丰富显露出特殊的表现特点。点有以下特性。

（a）

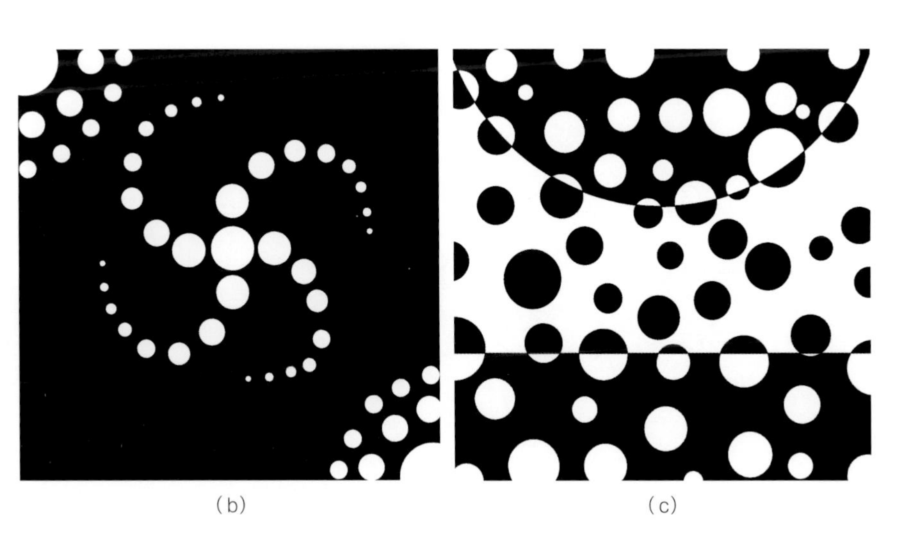

（b）　（c）

图3-12 点构成

（1）处于区域或空间中央位置，表现稳固、安定，且控制着它所处的范围和建构秩序；

（2）偏于中央的位置，表现出能动、活跃的特质；

（3）静止的点是环境的核心，动态的点形成轨迹；

（4）点的阵列能强化形式感，并引导人的心理向面的性质过渡。

2. 线

线是点在空间中延伸的轨迹，给人以整体、归纳的视觉形象。线可分为两大类型，一是直线系列，给人以理性、坚实、有力的感觉（图3-13）；二是曲线系列，给人以感性、优雅的感受（图3-14）。它对规整空间的几何关系、构筑方式的强化有着重要的作用。一方面，作为基本的视觉要素，线是设计过程中表现结构、构架及相关事物关系的联络要素，另一方面，我们也主要依靠它来定义边界、识别范围和形状。线有以下特性。

（1）有强烈的方向感、运动感和生长的潜能；

（2）直线表现联系两点的紧张性，斜线体现出强烈的方向性，视觉上更加积极能动；

（3）曲线表现出柔和的运动，并具备生长潜能；

（4）一条或一组垂直线，可以表现出重力或人的平衡状态，或者标出空间中的位置，用来限定通透的空间。

3. 面

一条线在自身方向之外平移，从而界定出一个面，面是依靠二维的长度和宽度来确定的，大致能够概括为几何形（图3-15）、有机形（图3-16）和偶然形（图3-17）三种类型。在研

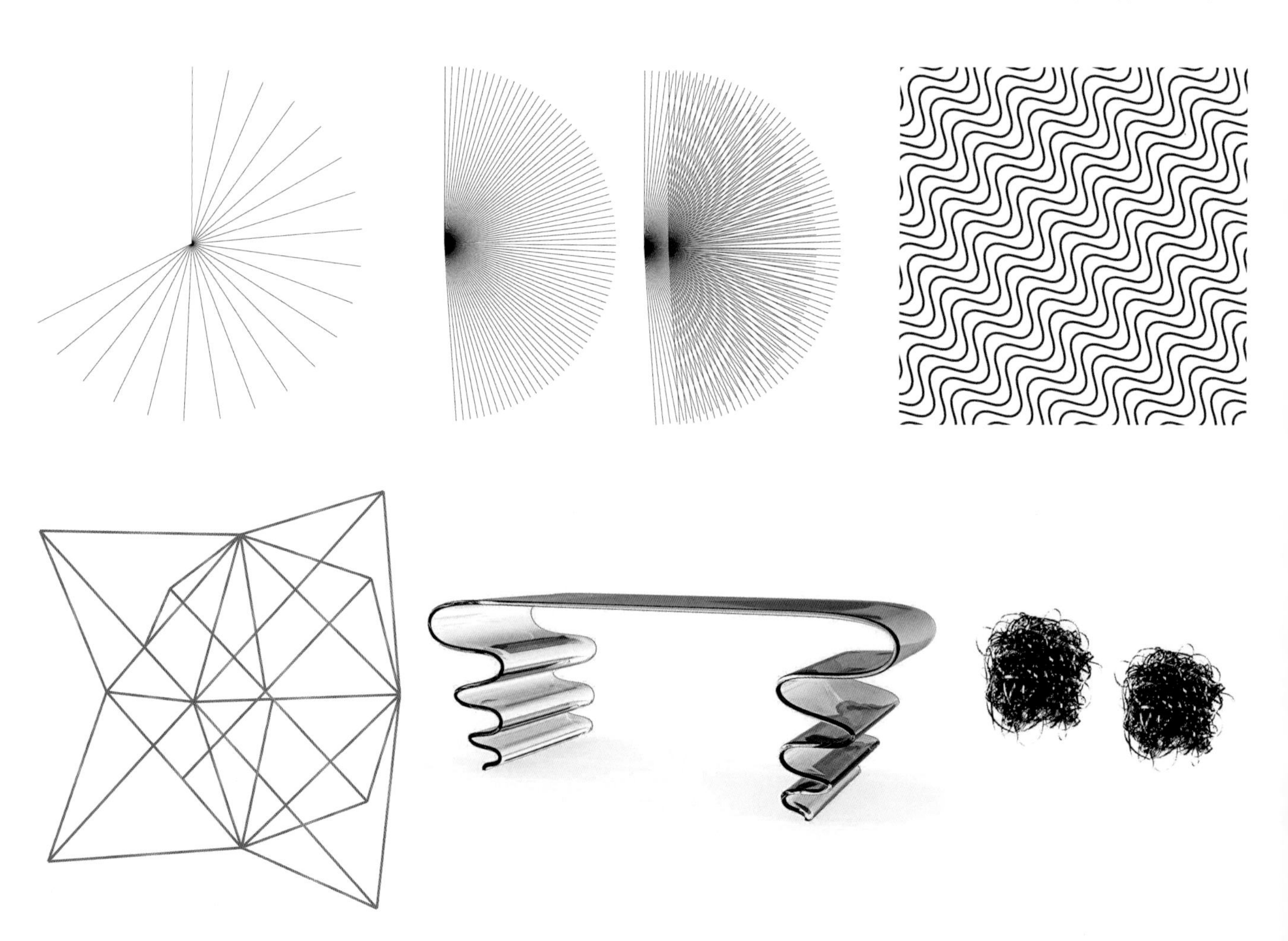

图3-13 直线系列

图3-14 曲线系列

图3-15 几何形

图3-16 有机形

图3-17 偶然形

图3-13		图3-14
图3-15	图3-16	图3-17

究空间时，需要考虑面的形状、颜色和质地等特征，尤其是面的形状，它影响着空间的功能，反映出空间的形态。面有以下特性。

（1）一条线可以展开成一个面，面有长度和宽度，但没有深度；

（2）面的色彩和质感将影响它视觉上的重量感和稳定感；

（3）可见结构的造型中，面可以起到空间限定的作用；

（4）面是专门处理形式和空间的关于三度体积的设计手段。

4. 体

一个面沿着各自表面的方向扩展，可形成一个体量（表3-3）。从概念上讲，一个体量通常有三个量度，即长度、宽度和深度。研究体量图底的关系是环境设计的基本技能之一，由此可见体形能够赋予空间以尺度关系、颜色和质地。体形与空间的共生关系可以在空间设计的尺度层次中得到体验。体有以下特性。

（1）体由面的形状和面之间的相互关系决定，面表示体的界限；

（2）体是实体即体量所置换的空间，也可是虚体，即由面所包容或围起的空间；

（3）体量所特有的体形，可以运用扭转、叠加等手法增加体的变化；

（4）能以突出的形态特征插入到群体体量中，从而获得强烈的对比效果。

表3-3　实体中的抽象几何体量

抽象几何体量	图形	内涵
球体		向心性和高度集中性的形式，在所处环境中可产生以自我为中心的感觉，通常呈稳定状态
圆柱体		以轴线呈向心性的形式，轴线由两个圆的中心连线所限定，可沿此轴线延长，倘若将物体放在圆面上，呈静态形式
圆锥		以等腰三角形的垂直轴线为轴旋转而派生出的形体，其形式非常稳定，倘若其垂直轴倾斜或者倾倒，则形式不稳定，倘若其尖顶立起来，则形成稳定的均衡状态

续表

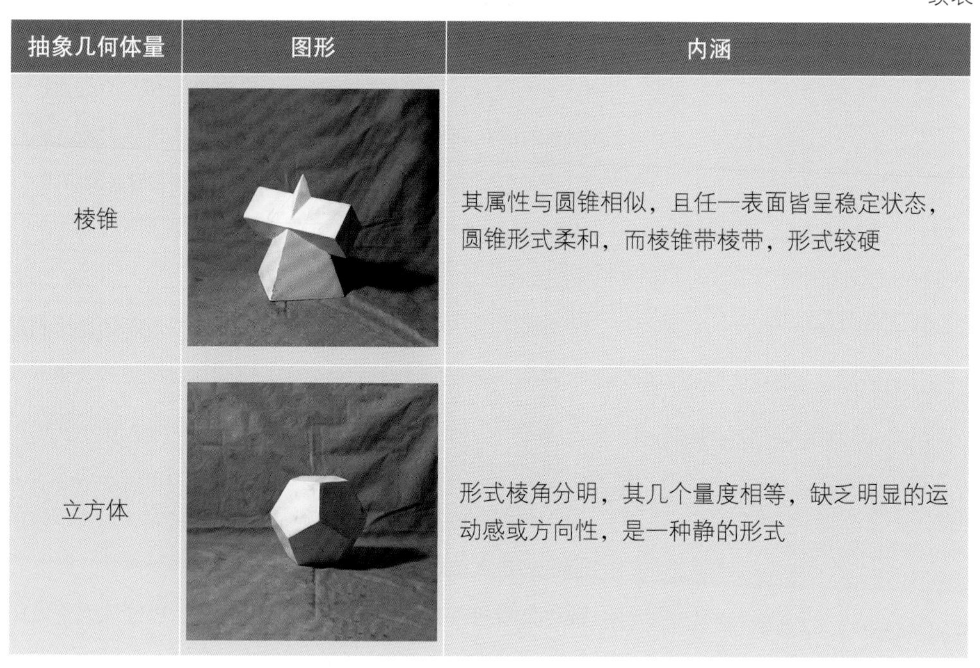

抽象几何体量	图形	内涵
棱锥		其属性与圆锥相似，且任一表面皆呈稳定状态，圆锥形式柔和，而棱锥带棱带，形式较硬
立方体		形式棱角分明，其几个量度相等，缺乏明显的运动感或方向性，是一种静的形式

5. **形状**

形状包括自然形、非具象形、几何形三种形态。自然形是自然界中各种形象的体形；非具象形是有特定含义的符号；几何形是根据观察自然经验，人为创建的一种形状。其中几何形有圆形、三角形和正方形，也是形状中最重要的基本形（表3-4）。每种形状都有自身的特点和功能，主宰着建筑设计和室内设计的建造环境，对环境艺术设计实践有重要的作用。

表3-4　　　　几何形

几何形	图形	内涵
圆形		是一系列的点，围绕着一个点均等并均衡安排，是一个集中性、内向性的形状，通常处以自我为中心的环境中
三角形		强烈地表现出稳定感，倘若三角形的边不受弯曲或折断，其形不会改变，因而三角形这种形状常常被用在结构体系中；倘若三角形站立在一个边上，其形状亦属稳定；倘若伫立于某个顶点，三角形就变得动摇起来；倘若倾斜向某一边，则处不稳定状态或动态之中
正方形		有四个等边和四个直角；倘若正方形伫立于一个边上，其表现为稳定的；倘若立在一个角上，其表现为动态的

二、色彩

色彩能造成特殊的心理效应，是环境艺术设计中最为生动、活跃的因素。色彩的调和、对比、节奏感、层次感与色彩中的色相、明度、纯度的应用，都给环境增添了无穷魅力。由于色彩在人的生理和心理上起到特殊作用，色彩成为传达设计物信息的重要形式，其带给人们的心理感受，也是环境艺术设计中色彩功能的主要内容，具有积极作用。

色彩属性

色彩有三种属性，即色相、纯度、明度，并且这些属性都互相关联（图3-18）。在色彩中，暖调光线是加重了暖色并中和了冷色相，而冷调光线则是加强了冷色并削减了暖色相。色相的冷暖，连同明度与饱和度，共同决定了唤起我们注意的视觉吸引力，使某个物体成为兴趣中心。

色相所表现的明度还会因照射光量的大小而有变化。减少照明装置的数量，将使色彩的明度降低并中和其色相。提高照度也就提高了色彩的明度，并加强其纯度，但是高强度的照明会使色彩看上去不够饱和。

暖色和高纯色被认为是视觉上活跃的刺激性色彩，冷色与低纯度色则消沉而松弛。高明度是愉快的，中等明度是平和的，低明度令人忧郁。深而冷的色彩有收敛感；明亮而暖的色彩有扩张感而使物体显得较大，尤其衬托在深色背景中的效果更为显著。

★小贴士

色彩应用

虽然我们每个人都有喜欢的颜色，也有不喜欢的颜色，但颜色并没有好坏之分。一种颜色运用恰当或不恰当，取决于使用的方式与场合，以及是否符合配色原理。当我们为一个室内空间制订色彩方案时，必须细心考虑将要设定的色彩、基调以及色块的分布。方案不仅应满足空间的目的和应用，还要顾及其建筑的个性。

色系相当于一本“配色词典”，能够为设计师提供几乎全部可识别图标。由于色彩在色系中是按照一定的秩序排列、组织的，因此，它还可以帮助设计师在使用和管理中提高效率。然而，色系只提供了色彩物理性质的研究结果，真正运用到实际设计中，还需要考虑到色彩的生理和心理作用以及文化的因素（图3-19）。

图3-18 色彩的属性

图3-19 色彩心理

图3-18 | 图3-19

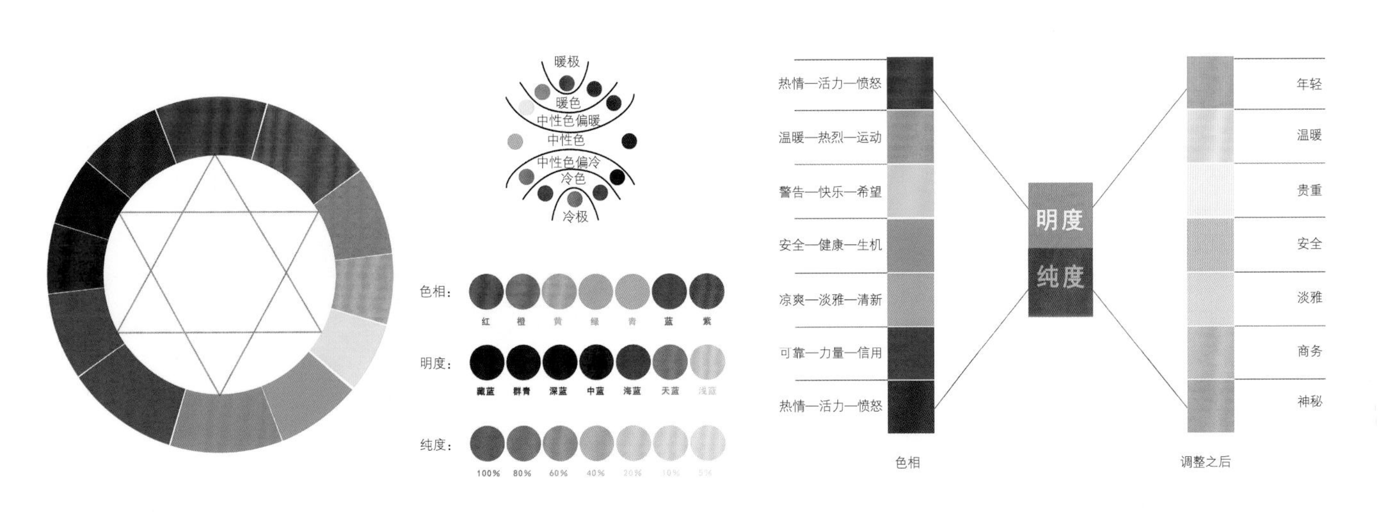

三、光影

正如建筑的实体与空间的关系一样，光与影也是一对不可割裂的对应关系。设计师在对光的设计筹划中，影也常常作为环境的形态造型因素考虑进去。

光不仅起照明的作用，还能起到界定空间、分隔空间、改变室内环境气氛的作用，同时还具有装饰空间、营造空间格调和文化内涵的功能，是集实用性、文化性、装饰性为一体的形态要素（图3-20）。光与照明在环境艺术设计中的运用越来越重要，也是环境艺术设计中营造性的形态要素。

现代环境艺术设计中的“光”主要有自然光（图3-21）与人工照明（图3-22）两大类。自然光作为空间的构成因素，可烘托环境气氛，表现主题意境，满足人们渴求阳光和自然的心理需求，而且越来越上升到重要的地位；人工照明的最大特点是可以随人们的意志而变化，光的来源形式通过光和色彩的强弱调节，创造出静态或动态的多种空间环境气氛，给环境和场所带来生机。人工照明又分为直接照明、间接照明、漫射照明、基础照明、重点照明、装饰照明等几种类型。为了达到某种特殊的光影效果而考虑照明方式的设计案例不胜枚举。

环境艺术设计的形态要素是创作和审美的重要手段，在环境艺术设计的学习中，设计师应熟知各个要素及其相互关系，并且要在设计中扩展、发掘它们的各种可能性。

图3-20 室内照明

光在室内外装饰中起着无可替代的作用，它并不仅仅起着照明的作用，而且具有调节色彩的功能，其意义在于美化装饰效果，起到锦上添花的作用。

图3-21 自然光

自然光是自然界中动态变化的光线，能够创造出人工照明无法创造的自然光环境，透过窗户，还可以享受到室外美景，可以获得室外天气、时间和周围环境的视觉信息，在紧张的工作之余，舒缓神经，舒畅心情。

图3-22 人工照明

不仅要满足生活、工作等视觉功能的要求，而且应充分发挥照明设施的装饰作用和光的艺术表现力，除了使灯具本身起到点缀和美化作用，还应使室内外装修构造与光的色彩有机结合，形成不同的光环境艺术效果。

(a)

(b)

图3-20

图3-21 | 图3-22

★补充要点

人工照明的种类及特点（表3–5）

表3–5 人工照明

人工照明的种类	照明图	内涵
直接照明		灯具或光源直接把光线投向被照射物。直接照明与间接照明的最大区别就是光源与被照射物之间是否通过反射实现
间接照明		也称为反射照明，是指灯具或光源不是直接把光线投向被照射物，而是通过墙壁、镜面或地板反射后的照明效果
局部照明		为了完成某种使用视力的工作或进行某种活动而去照亮空间的一块特定区域
重点照明		空间中局部照明的一种形式，产生各种聚焦点以及明与暗的有节奏图形，以替代仅仅为照亮某种工作或活动的功用；可用来缓解普通照明的单调性，突出房间的特色或强调某个艺术精品
装饰照明		也称作气氛照明，主要是通过色彩和动感上的变化，以及智能照明控制系统等，在有了基础照明的情况下，加以一些照明来装饰，增添环境气氛

第三节 环境艺术设计形式法则

艺术设计包括两个方面，也就是意味和形式。“意味”即审美情感，“形式”即构成作品的各种因素及其相互之间的一种关系。而在《艺术》一书中，美学家克莱夫·贝尔指出：“一种艺术品的根本性质是有意味的形式。”

形式美是指构成物外形的物质材料的自然属性（色、形、质）以及它们的组合规律（整齐、比例、均衡、反复、节奏、多样统一等）所呈现出来的审美特性（图3-23、图3-24），我们探讨形式法则就是对形式美的规律作研究。“形式”的形成过程是将自然形态经过人为加工而使之产生一种新的形式美。设计作品通过点、线、面、色彩、肌理等基本构成元素组合而成的某种形式及形式关系，激起人们的审美情感，这种构成形式被称为有意味的形式。

一、比例与尺度

环境艺术中的任何设计内容都具有尺度，是环境艺术较其他艺术更为突出的语言特征，尺度在形式上的美学表现就是比例与和谐。比例和尺度虽然是很接近的概念，但内容还是有所侧重的。

比例研究的是单个物体自身的内部形态，尺度研究的是建筑物的整体或局部给人感觉上的大小印象和其真实大小之间的关系问题，主要是研究物与物之间的比例关系（图3-25）。在审美中有意识地培养对比例、尺度的敏感性，是环境艺术设计师很重要的艺术修养必修课。

在对比例和尺度的研究中，人们付出了积极的努力。为了研究世界的比例原理，希腊的毕达哥拉斯学派提出“黄金分割”学说；许多建筑家用几何分析法来研究建筑的比例问题，勒•柯布西耶把比例与人体尺度结合在一起，并提出“模数”体系等概念。

二、节奏与韵律

韵律本来是在音乐中表达音调的起伏，在诗歌中展现出节奏感的词汇，说明我们观察自然界中的事物和现象，发现有规律和有秩序的变化可以激发人们的美感。韵律美在环境艺术设计中运用得极为广泛、普遍，甚至有人把建筑中的韵律美比喻为“凝固的音乐”（图3-26）。

（a）

（b）

图3-23 自然属性美

家居以白为主，蓝为辅，以舒适机能为导向，强调空间的“回归自然”属性；注重空间的舒适性，无论是家具还是配饰均以其随性、自然而富有内涵的气韵，衬托出居室主人悠闲随心、追求自然的生活态度。

图3-24 组合规律美

在视觉上，整齐美、比例美、均衡美均有体现，带给人一种庄重大方的美感。

图3-25 家具的比例与尺度

（a）（b）在室内家具设计中，不同大小、高低的家具，给人以不同的感受，比如低矮的床，使人感到亲切、温暖；狭长的桌子给人以独特感和时尚感。

图3-23 | 图3-24

图3-25

图3-26 节奏与韵律

（a）建筑外观为三组巨大的壳片，建筑的壳形外观形成重复排列的韵律感，顶面形成连续起伏的韵律感。

（b）在原先略显不足的挑高尺度之下，借由虚实交错的天花折线，形成线性转折下的律动节奏。

（a）悉尼歌剧院

（b）室内空间

根据韵律美的形式特点可分为几种不同的类型：

连续的韵律——以一种或几种要素连续、重复地排列而成，各要素之间的关系恒定；

渐变韵律——连续的要素在某一方面按照一定的秩序变化；

起伏韵律——渐变按照一定的规律在量上时而增加时而减少，具有不规则的节奏感；

交错韵律——各组成部分按一定规律交织、穿插而成，各要素之间相互制约，表现出有组织的变化。

三、均衡与稳定

古人崇拜重力，并在与重力作斗争的实践中，逐渐形成了一整套与重力有联系的审美观念，也就是均衡与稳定。处于地球引力场内的一切物体，都摆脱不了重力的影响，人类的建筑活动从某种意义上讲就是与重力作斗争的产物。均衡与稳定之间既有联系也有区别，均衡又分为静态均衡和动态均衡。

1. 静态均衡

静态均衡有两种基本形式，一种是对称形式；另一种是非对称形式。对称形式本身体现出一种严格的制约关系，天然就是均衡的，因而具有一种完整统一性。对称分为中心对称、轴对称和平面对称三种类型。自然界中植物的叶、大部分动物及人都具有对称形体。对称形式会给人以审美的愉悦。对称、均衡的布局，能产生庄重、严肃、宏伟、朴素等艺术效果，例如西方宗教建筑（图3-27）和中国古代皇宫（图3-28）布局多用对称形式显示其稳定及宏伟规模，装饰图案中对称的运用更是独到。

图3-27 米兰大教堂（对称形式）

对称式的建筑外观，在视觉上给人整齐划一的秩序感。

图3-28 故宫博物院（对称形式）

对称式的建筑群体，成为地标性建筑，在视觉上给人庄严、宏伟、壮观的震撼感。

图3-27|图3-28

人们并不满足于这种单一的对称形式，还要用不对称的形式来保持均衡。不对称形式的均衡虽然制约关系不像对称形式那样明显、严格，但要保持均衡，其本身就是一种制约关系。而且与对称形式的均衡相比较，不对称形式的均衡显然要轻巧活泼得多（图3-29）。

2. 动态均衡

动态均衡也称为形式的均衡，除静态均衡外，还有很多现象是依靠运动来求得平衡的，例如旋转着的陀螺、展翅飞翔的鸟、奔驰着的动物、行驶着的自行车等都属于这种形式的均衡，一旦运动终止，平衡的条件将随之消失。建立在砖石结构基础上的西方古典建筑，其设计更多地是以静态均衡的角度为出发点，而近现代建筑师往往用动态均衡的手法来处理形式方面的问题（图3-30）。

四、主从与中心

正确地把握和处理各要素之间的关系，是培养形式美感的基本要求。在由若干要素组成的整体中，各个要素在整体中所占的比重和地位也会影响到整体的统一性。在环境艺术设计实践中，从平面组合到立面处理，从内部空间到外部形体，从细部装饰到群体组合，都需要仔细考虑并处理好局部与整体、主与从、重点和一般的关系（图3-31、图3-32）。

在主从与中心这对形式法则中，我们要认识视觉重心这一概念。由于人具备视觉焦点透视的生理特点，在平面构图中，任何形体的重心位置都和视觉的安定性有紧密的关系，因此，为了达到突出环境特征的目的，把握好主从关系是很重要的手段。处理主从关系的方法有很多，例如，突出重点，使之形成趣味中心，即有意识地强调某一部分，以此为重点或中心，而使其他部分处于弱势的从属地位，以此来实现主从分明、完整统一。反之，如果没有这样的重点或中心，会由于松散而失去构成的有机统一性。

图3-29 现代公共建筑（不对称形式）

相较传统的对称形式，现代不对称形式更加现代化、时尚化，不会显得拘谨、严肃。

图3-30 流动的空间

在空间设计中，应避免孤立静止的体量组合，而追求连续的运动空间，空间构成形式富有变化和多样性，可使视线从一点转向另一点，引导人们从“动”的角度观察周围事物。

图3-31 北欧混搭风格·绿语流年

装饰上以浓墨重彩的色彩为基调，打造时尚、温馨的空间感，让空间在明亮活泼的气氛下不失自然气息。

图3-32 现代简约风格·家设计

设计主张轻装修，重装饰；空间格局宽敞而简单，冷暖色调的搭配，使房间变得精致有序。

图3-29	图3-30
图3-31	图3-32

第四节　环境艺术设计原则

环境艺术设计的根本目的是为人们的生活提供一个理想的、符合生理和心理需求的高品质的生存空间。空间首先应符合自然规律，包括建筑的建构、人的行为方式和自然环境的利用等（图3-33），还要尊重文化传统，注重人对精神文化的需求（图3-34）。

人在获得发展的同时，对自然资源利用的水平也大为提高，给人类的物质财富带来前所未有的繁荣。而滥用自然资源最终导致了整个生态环境被破坏。尊重自然，保护自然，有节制地开发和利用自然资源，维护人与自然的和谐关系已经成为人类的共识。因此，环境艺术设计的基本前提便是有意识地增进人与环境的良性互动，创造共生的环境体系。

一、以人为本原则

环境艺术设计的主体是人，针对不同的使用对象，相应地应该考虑不同的设计要求，这也正是其社会功能的基石。环境艺术设计的目的是通过创造适宜的空间环境为人类服务，设计师始终需要把人对环境的物质需求和精神需求放在设计的首位。由于设计过程中矛盾错综复杂，问题千头万绪，设计师需要清醒地认识到“以人为本”是尊重人类自身。创造符合人类生存模式的环境，并非把对人类的认识停留在人类自身，忘记了人对环境的依存关系（图3-35、图3-36）。

现代环境艺术设计需要满足人们的生理、心理方面的要求，需要综合处理人与环境、人际交往等多项关系，需要在为人服务的大前提下，综合解决使用功能、经济效益、舒适美观、环境氛围等种种要求。可以认为现代环境艺术设计是一项综合性极强的系统工程，其出发点和归宿都是为人和人的活动服务。

图3-33 元阳梯田

这是人类改变自然的杰作，人们依山势开垦田地，利用自然改变人们的生活方式，既尊重自然，也不屈服于恶劣的自然环境。

图3-34 金山岛

金山岛仿江苏镇江金山景色而建，也是清朝在避暑山庄仿建江南秀色的重要代表景点；现今旅游业的发展，也是保护与传承中国传统建筑、园林和文化的一种很好的方式。

图3-35 黄石国家公园

黄石国家公园是保护野生动物和自然资源的国家公园，其有完整的管理机构，以不破坏和维护生态环境为目标，禁止开发性建设，确保物种之间的联系不受人为干扰，但人们能够通过旅游的方式来欣赏。

图3-36 奈良公园

奈良公园因鹿而闻名于世，鹿被指定为国家的自然保护动物，在这里人与自然共处，可以说，鹿群对当地的经济发展做出了极大的贡献。

图3-33	图3-34
图3-35	图3-36

二、整体性原则

环境艺术是一个系统，它由自然系统、人工系统组成。自然系统由地形、植物、山水、气候等多方面构成。人工系统更是多样复杂，如建筑、交通、水电设施、照明设施、绿化等。环境艺术设计除实体的元素外，还有思想、观念、意识等非物质内容，涉及多门学科或领域，因此环境艺术设计必须遵循系统和整体的观念。

环境艺术是整体的效果，不是各种要素的简单累加，而是各要素相互补充、相互协调、相互加强的综合效应，是整体和局部间的有机联系。因此，现代环境艺术设计的立意、构思、风格和氛围的创造，需要更多地着眼于对环境整体、文化特征等多方面的考虑（图3-37、图3-38）。

三、地方性原则

设计是文化的一种外在表现，文化是设计的内在力量。因此，设计的文化取向和品位反映出设计的内在价值。环境艺术与人们的生产生活密切相关，是记载人类文明和文化的活化石，同时也对文化所属的认知、文化身份的认同有着重要的指向和定位作用。

1. 地域生活形态的特征与延续

对传统文化的扬弃是处于历史潮流中的人类的必然行为，尊重地域文化也是近年来环境艺术设计所重视并引导的设计原则。在经济与技术高速发展的时代背景下，各地域的民间建筑在广义文化圈的制约下，因地制宜，延续、整合和变异，成功地表现了不同地域的传统特色。作为设计师，最需要关心的内容之一恰恰是懂得怎样合理地保护、挖掘地域历史文化，建设具有地城和本土特色的环境艺术（图3-39）。

随着全球化在世界范围迅速展开，以及民族文化的觉醒、民族自信心的增强，世界文化与民族性、地域性文化这两个方面既互相矛盾又互相联系，使世界文化变得越加错综复杂，地域或建筑文化乃至环境艺术都摆脱不了世界文化圈的“磁力”。特别是在数字社会里，这种磁力在经济、文化方面日益增强。不同传统特色的地域的表现，需要设计师经过深刻思考和理性分析。

图3-37 律动空间（设计师李光政）

在空间规划上，分区明确，采用单一色调的规划打破各机能区的界定；在整体空间中，大量留白，空间中的事物允许流动、变化，而非一味地使用材料填满空间。

图3-38 婺源丛溪庄园

庄园设计仅供当地旅游休闲，未迎合游客，设计以自然、绿化为主，园内外移步即景，飞檐翘角、粉墙黛瓦。

图3-37|图3-38

图3-39 衢州鹿鸣公园

2. 地域生活形态的利用

环境艺术设计应以人为本，满足人的多层次心理需求。这种需求的多层次，表现在对新材料、新技术带来的舒适和便捷与情感需求上，以及对地域特色的认同。因此，我们创造地域性的新建筑，不能拒绝先进的现代技术，更不能把现代技术与地域特色对立起来，而是要寻找一种途径，使现代技术有利于地域建筑的创造与发展（图3-40）。

高明的设计往往对地域文化中的人进行了深入的思考，生活形态是其中的重要内容，即居住在环境中的人以何种行为与环境发生关联。当我们提出这样的问题时，设计就不再是空中楼阁，而是具有扎根生活的原色生命力。现在，很多敏锐的设计师已经观察到越是贴近人们生活原形态的设计，就越有持久的吸引力。

"民宿"是指利用当地闲置资源，民宿主人参与接待，为游客提供体验当地自然、文化与生产生活方式的小型住宿设施。

有别于传统酒店，民宿内可能没有高档的设备、设施，但是它最能体现当地的民俗特色。

白墙黑瓦，红漆木窗与木门，小院内冬色与古朴的建筑相得益彰，浓浓的古色古香，整个宅子充满了静谧和禅意。

(a)

(b)

当地旅游业的发展带动民宿的兴起，使得古老的四合院得以保留，当地文化得以沿袭。

慈舍茶是当地文化的一部分，慈舍茶禅和美学的人文生活，也是现代人所追求的境界。

地域建筑文化的沿袭，不是一成不变的，适当的变革和改变，反而有利于当地文化的发展。

(c)

(d)

(e)

图3-40 慈城民宿

第五节　案例解析：环境艺术设计色彩分析

一、色彩搭配分析

色彩是由分解光谱得来的，因此，"没有光就没有色"。然而色彩本身其实并没有美丑之分，它通过衬托、对比、映衬等手段对空间进行调和，使人们产生审美愉悦。在环境艺术设计中，色彩并不是孤立于环境而存在的，色彩的视觉效果通常取决于环境中色彩、材料和形态的综合；取决于色彩与色彩之间、色彩与光之间所形成的相互关系（图3-41、图3-42）。

←设计理念：地中海风格以白色与蓝色为主色调，但是如果用纯白色搭配蓝色，会显得很冷，没有温度。在这里设计师运用偏柔的乳白色来代替纯白色，这样整体空间就会显得温暖许多。

(a)

(b)

(c)

(d)

(e)

(f)

←金属质感十足的相框、淡雅的花朵、淡蓝色的靠垫与色彩不一的鼓凳，这些精致唯美的饰物点缀整个客厅，瞬间提升了空间的颜值，每一个小角落都有说不完的美。

图3-41 迷人的地中海家居设计

图3-42 美式风格家居设计

←整个空间的颜色都是平静温暖的色系，而靠枕和花瓶用了小跳色，多了一份俏皮；茶几上的小雏菊、墙壁上的装饰画，都带着田园气息，清新自在。

（a）

（b）

（c）

二、色彩表现与材质选择

色彩与材质是环境的主要造景要素，是心灵表现的一种手段，它能把风景强烈地融入于情感，从而作用于人的心理。因此在景观造景中，色彩的运用及材质的选择越来越引起人们的重视（图3-43）。

图3-43 静安雕塑公园

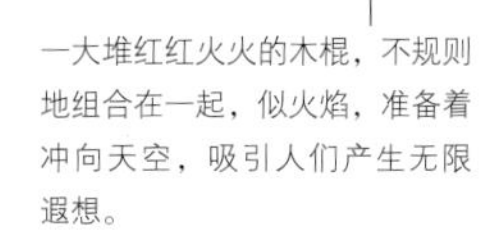

一大堆红红火火的木棍，不规则地组合在一起，似火焰，准备着冲向天空，吸引人们产生无限遐想。

（a）

（b）

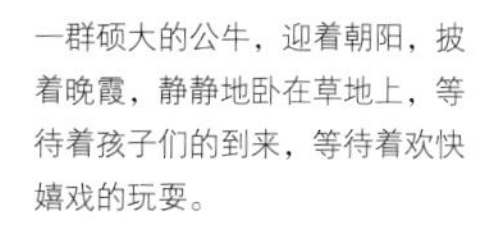

一群硕大的公牛，迎着朝阳，披着晚霞，静静地卧在草地上，等待着孩子们的到来，等待着欢快嬉戏的玩耍。

（c）

←静安雕塑公园是一个以展示为手段，绿化与雕塑、小品相互渗透、和谐统一的城市公园；也是一个开放性的公园，园内为市民提供了游憩、休闲和接受艺术熏陶的活动场所；契合公园 “以人为本，以绿为主，以雕塑为主题”的设计思想及核心。

三、色彩装饰性分析

在现代环境设计中，色彩通常用来装饰环境，可通过色彩的变换和应用调节空间、表达审美感受，甚至达到改善建筑物功能的目的。色彩能为空间环境提供良好的环境装饰美感和令人难忘的色彩意象（图3-44～图3-46）。

图3-44 室外泳池色彩装饰

利用颜色鲜艳的瓷砖拼贴，达到令人沉醉的海蓝色装饰效果。

图3-45 室内空间色彩装饰

空间整体采用原木色，局部点缀水蓝色、粉红色装饰品，给人一种心生向往的感觉。

图3-46 灯具色彩装饰

灯具本身自带精美的涂饰及色彩，给人粉嫩、少女的感觉。

图3-44 | 图3-45 | 图3-46

四、案例总结

色彩是环境设计中的精髓所在，在进行环境艺术设计的时候应充分考虑到色彩的作用，将色彩因素恰如其分、精彩地运用于设计中，发挥色彩的强大功能，营造出全新的布局合理的艺术环境空间。

本章小结

环境艺术设计的形态要素是设计师创作与审美的重要手段，也是环境艺术设计学习中创意思维的基础。正如一位语言大师必须熟练地运用词汇一样，每一位设计师也应熟知各个要素及其相互关系，并且，还要用自己的聪明才智来扩展、发掘它们的各种可能性。

第四章

环境艺术设计实践

识读难度： ★★★★☆

重点概念： 事务、创作特征、设计师、评估标准

章节导读： 环境艺术设计的范围很广，需要各种功能、空间的合理安排及各种条件的协调配合（图4-1），需要设计师具备相关专业的基本知识与设计能力，能够较好地表达自己对设计的领悟，同时还要熟悉设计事务的设计与施工程序。在一个项目的实施之初，首先要对该项目的任务书进行分析，然后进入项目的设计准备阶段，直至确定最终的设计规划构想，最后再进行方案的设计阶段。项目方案的文件包括平面图、剖面图、三维模型、设计说明及造价预算等，具体根据实际情况而定。在初步设计方案审核通过后再设计、绘制施工图，最后实施设计方案。本章节将结合实践经验，细致地叙述环境艺术设计的具体实践程序、创作特征、评估标准及对设计师的认知、要求。

图4-1 室内设计

室内设计属于环境艺术设计的一部分，是对建筑物内部环境的再创造，是从建筑设计中的装饰逐渐演变而来的。

第一节　环境艺术设计事务

一、事务范围

环境艺术设计的范围很广，它需要解决的问题包括场所内各种功能和空间的合理安排，与周围环境及各种外部条件的协调配合，场所内外的景观效果和结构形式，居住者的行为心理和环境生态要求，环境在建设和使用过程中所涉及的社会问题。环境艺术设计还涉及细部的构造方式，包括给排水系统、空调和取暖设备、照明设备、消防、声学、工程预算等工程技术问题。

★补充要点

环境艺术设计的主要内容

一般来说，室内设计、建筑装饰、景观规划、城市空间环境设计、城市公共设施设计、公共艺术设计等，这些都统称为环境艺术设计。环境艺术设计的执业范围主要包括两个方面，一是以室内空间艺术设计为主的室内设计（图4-2），二是以建筑外部环境的空间艺术设计为主的景观设计（图4-3）。具体来说，环境艺术设计的主要内容有以下几项（表4-1）。

图4-2 室内设计

图4-3 景观设计

图4-2

图4-3

(a)

(b)

通常室内空间的功能包括卧室（休息区）、书房（工作区）、客厅、厨房、餐厅等，特殊空间有衣帽间、杂物间、保姆房等。

空间内的构造基本大同小异，空间设计风格、软装陈设等根据居住者的喜好及特殊要求而定，因此，设计师不能“想当然”地设计，要在居住者的“想法”基础上构思方案。

由于喷泉的管线路都是预埋到地下的，因此，应尽可能地选择高质量的喷泉设备、管道和灯具产品，避免后期维修困难，减少维修时间与成本。

人行道、车行道、喷泉小品与圆形绿化造景呈围合之势，沿主建筑和造景中轴线呈对称式布局，绿化造景自然而然成为景观的视觉中心。

表4-1　　环境艺术设计的主要内容

序号	环境艺术设计的主要内容
1	合理的空间组织和平面布局，所需的声、光、热设备，以满足环境物质功能的需要
2	合理的空间构成和界面处理，宜人的光色和材质配置，使得环境气氛和艺术效果满足精神功能的需求
3	采用合理的装饰材料、装修构造、技术措施和设施设备，使其具有良好的经济效益
4	室内外各种设施（家具、照明、艺术品、水体与绿化等）的选择及设计，符合安全疏散、防火、卫生等设计规范，遵守与设计任务相适应的相关规范标准
5	符合可持续发展的要求，充分考虑节能、环保，并使环境能够适应功能调整，预留材料与设备更新换代的可能性

二、工作计划

1. 设计文书

设计文书是设计说明书与设计图等文件的总称。在项目实施之初，要求确定设计的总体方向和要求。同时，为了使整体到细部都能准确地按设计进行，必须把必要的内容简洁明了地表示出来，这就需要制定设计文书。因为工程的承包人是根据文书内容做出预算书的，所以设计文书的制作有助于更加准确地提出工程造价，完整、准确地表现设计方案。

（1）设计任务书的制定

环境艺术设计是一项复杂的系统工程，涉及多个部门（委托方、投资方、管理方、施工方、设计方、监理方等）。在项目的实施过程中，不同部门所承担的任务是不同的，这里我们只对设计师的任务进行讨论和分析。

任何一个环境艺术设计工程，无论其规模如何，从其策划到最终实施的程序中，总会涉及社会、政治、文化、伦理道德、心理、审美、技术、材料等诸多方面的问题。设计任务书实际上是以上各种问题的综合要求。

设计任务书在表现形式上有不同的类型，如意向性协议、招标文件、正式合同等。其内容包括空间设计中的物质功能与审美精神两个方面。设计任务书是制约委托方（甲方）和设计方（乙方）的具有法律效应的文件，只有双方共同遵守任务书规定的各项条款，才能确保工程项目顺利实施。设计任务书的制定，在形式上的主要表现如下表（表4-2）所示。

表4-2　　设计任务书制定的主要表现

设计任务书的制定要求	主要表现
按委托方（甲方）的要求制定	这种形式必须建立在委托方的设计概念成熟的基础上，希望设计方忠实地体现自己的构思想法，这就要求设计师加强与委托方的交流合作，使设计方案充分体现甲方的意图
按等级档次的要求制定	根据委托方的经济实力、建筑物本身的条件以及建筑周围的环境来制定
按工程投资金额的限定要求制定	在委托方的投资金额已经确定的情况下，要求方案设计中提前做出相应预算，明确工程施工实际所需的金额

现阶段设计任务书往往是以合同文本的附件形式出现，应当包括以下主要内容（表4-3）。

表4-3　　现阶段设计任务书的主要内容

序号	现阶段设计任务书的主要内容	现阶段设计任务书的形式
1	工程项目的具体地点	编号 xxx　委托设计任务书　20xx年xx月xx日发文 编制专业 xxxxxx　共x页　第x页 项目名称 xxxxxxxxxxxxxxxxxxxxxxxxxx　设计阶段 施工图 委托人 xx　项目经理/总设计师 xxx　室核人 xxx 设计人 xxx　电话 xxxxxx　审核人 xxx　组核人 xx 附件： xxxxxxxxxxxxxxxxxxxxxxxxxx 任务内容： 一、XXXXX 1. xxxxxx 二、XXXXX 1. xxxxxx 2. xxxxxx 三、XXXX 1. xxxx
2	工程项目在建筑中的位置	
3	工程项目的设计范围与内容	
4	不同功能空间的平面区域划分	
5	艺术风格的总体要求	
6	设计进度要求与图纸类型	

（2）针对任务书的分析

设计方在拿到一个项目的设计任务书之后，需要对其内容以及隐藏在背后的含义进行深入分析，分析的内容主要包括制约项目实施的因素及项目的功能两方面（图4-4）。

制约项目实施的因素包括社会政治经济背景、设计师与委托者的文化素养、经济技术条件、形式与审美理想等。每个设计项目的确立，都是根据需要建设的国家或地方政府、企事业单位或个人的物质与精神需求、经济条件、社会的一般生活方式、社会各阶层的人际关系与风俗习惯等来决定的。而设计师与委托者心目中的理想空间形象、社会层次、所受的教育程度、审美趣味爱好，以及个人抱负与宗教信仰等，直接决定了项目最后的表现成果。当然，科学技术成果在手工艺及工业生产中的应用程度及材料、结构与施工技术等都会产生一定的影响。

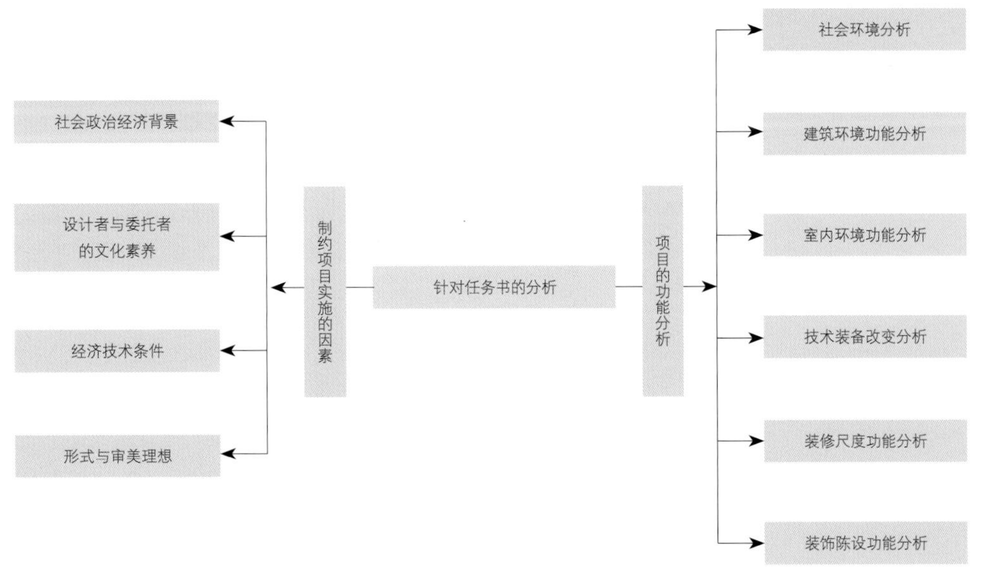

图4-4 任务书需要分析的主要内容

在设计项目的实施过程中，设计师在物质与精神需求、主观意识的影响下，想要做出以系统工程的概念和环境艺术的意识为主导的正确决策，就应按照一定的程序进行严格的功能分析。功能分析包括社会环境、建筑环境、室内环境、装修尺度、装饰陈设等功能分析及技术装备改变分析。

2. **规划与设计阶段**

（1）设计准备阶段

本阶段的主要工作包括接受设计委托任务书、签订合同、明确设计期限并制定设计计划与进度安排，以及考虑各相关专业、工种的配合与协调等（表4-4）。

首先，在一个项目的准备之初，必须了解相关的政策法规，使用者的社会文化背景和需求，施工的地形、土壤、光照、气候、植物生长等条件。通常需要设计师到现场进行实地勘察测量，以获得最为直观的印象，便于设计。

其次，须明确设计任务和要求，比如了解建筑材料的种类和价格，收集与分析必要的资料和信息，熟悉与设计相关的规范和标准，踏勘，以及研究同类型案例等；掌握设计对象的使用性质、功能特点、等级标准、造价控制，由此引申出来的环境氛围、文化内涵和艺术风格等；然后对这些信息进行筛选、分类、汇总等。这些都属于设计准备阶段的工作内容。

表4-4　　设计准备阶段的主要内容和程序

设计准备阶段主要程序	主要内容
环境规划	环境规划是指包括对建造过程的评价在内，用多种方案比较、分析营造环境的可能性；环境空间的规划具有各种不同的层面，但它们之间又具备相互关联性
规划过程	环境的规划过程是对环境艺术设计的目的设定、所需规模和所需预算等进行综合评价，其重点在于是否符合使用需求及方案的经济与否等，再根据评价的结果确定前提条件，然后进行设计
设计条件	是指在设计过程中，用最适当的形式与具体的设计对象相适应，从而归结出具体的环境空间形象的内容；设计师把这些条件明确落实到空间环境设计中去，据此确定总体设计的方向，按建设单位的要求进行设计

（2）方案设计阶段

这个阶段需要设计师进一步收集、分析、运用与设计任务有关的资料与信息，提出有针对性的解决办法，进行方案的初步设计，要求构思立意，并对初步方案进行分析和比较。方案设计阶段主要涉及和考虑一些全局性的设计问题，确定方案的“起点”和“方向”。通常会先设定一个总的目标，以此为起点，层层往下搜寻、跟进，确定不同层面的分目标。同时各个分目标都有自己的特殊性，既相互独立，又相互关联、相互影响、相互牵制，进而形成一个相互制约的局面。

即使是十分优秀的设计师，也不可能在设定总目标的时候就将相关的次级目标都一一列出。随着设计的深入，设计过程中的一些矛盾或问题会慢慢显现出来，这就需要设计师回过头对最初的设想不断进行修改和调整。可以说，设计的过程就是前期以收集概念性信息为主，后期以收集物理性信息为主，频繁交换信息，是“边进行边反馈”的过程。

徒手绘制设计图是一种综合性的设计过程，也是初步设计阶段的一个重要且最常用的手段。设计师从草图开始设计，对环境空间功能、家具、装修设计等进行可见的统一构思，确定空间形式与尺寸，对环境空间大致的色彩与材质进行统一归纳。

初步设计方案的图纸通常包括平面图或彩色平面布置图（包括家具布置）（图4-5）、彩色透视效果图（图4-6）、立面图（图4-7）、天花平面图（包括灯具、风口等布置）、三维模型、选用材料样板（图4-8）、设计说明及造价预算，特殊要求的或项目规模较大，可以制作三维动画演示文件。

图4-5 彩色平面布置图

常用比例为1:50和1:100，设计师应结合平面布局规划，推敲场所的形式，使它不仅符合形式美的规律，而且具有深刻的美学意义。

图4-6 彩色透视效果图

彩色透视效果图是设计表现不可缺少的关键表现途径，优秀的效果图能直观地表现出设计内容。

图4-5
图4-6

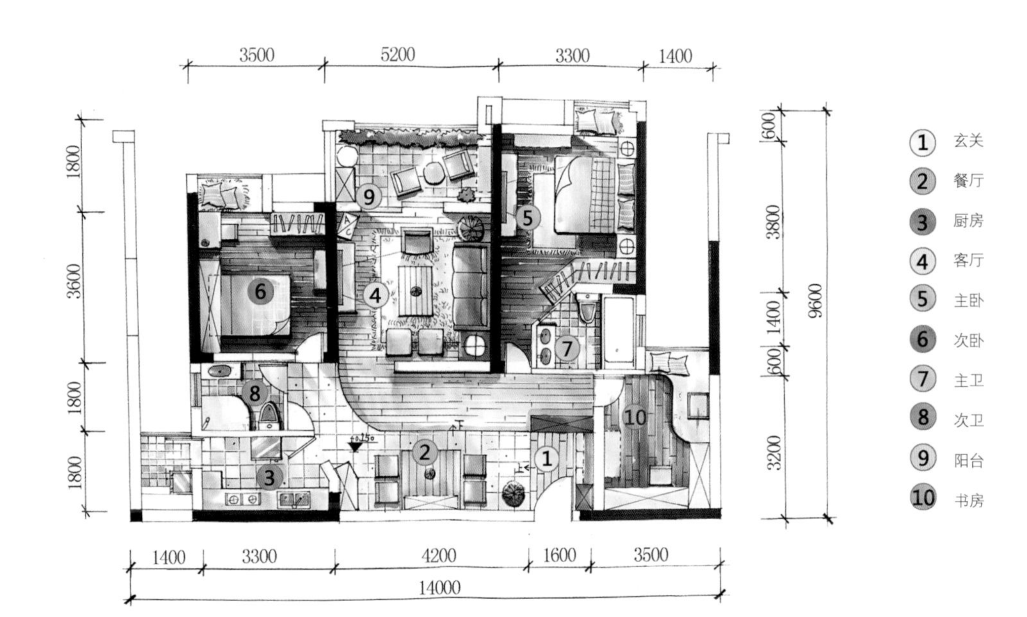

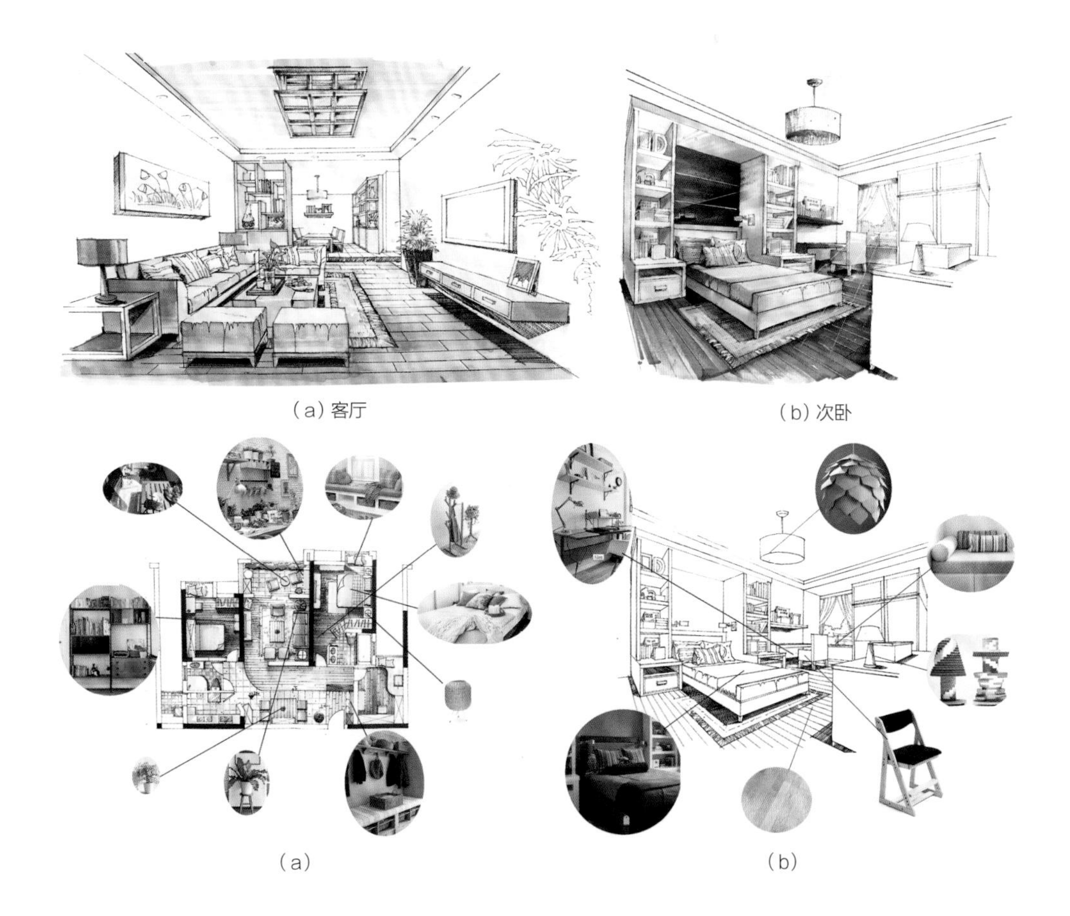

（a）客厅

（b）次卧

（a）

（b）

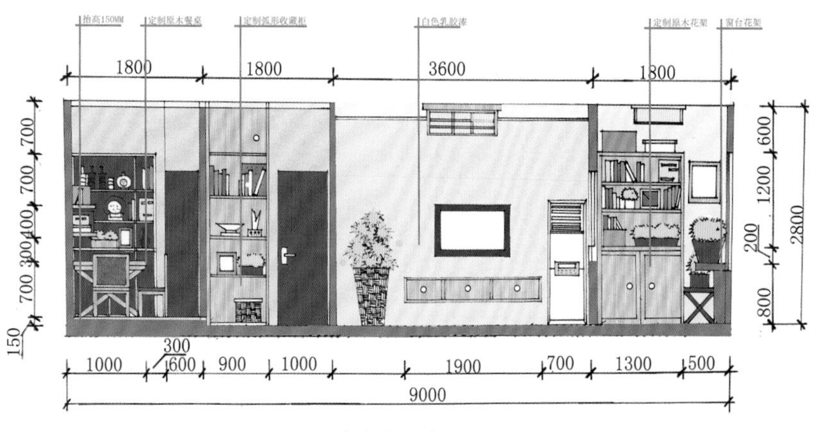

(a) 客厅A立面

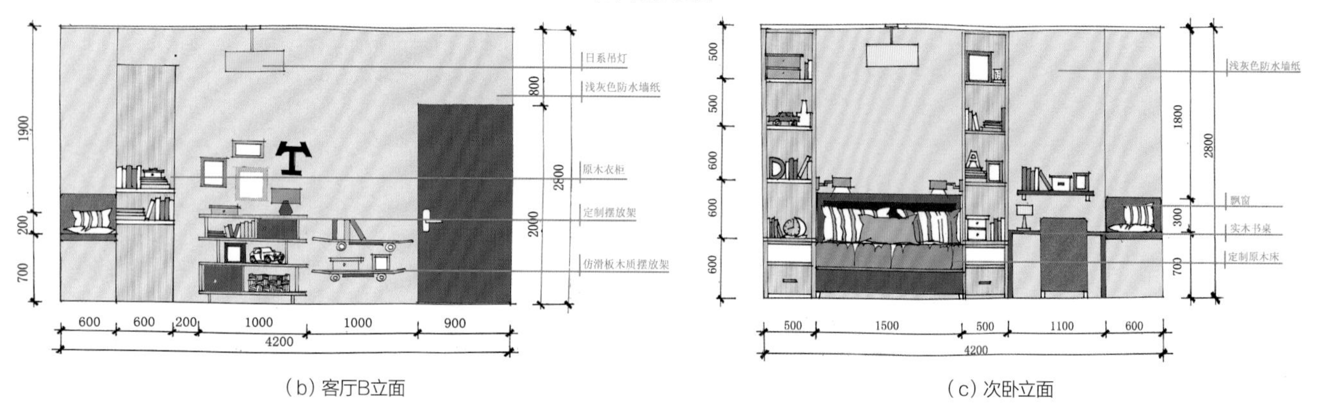

(b) 客厅B立面　　(c) 次卧立面

图4-7 立面图

常用比例为1:20和1:50，立面图最主要的目的是表现设计的概念意图和艺术氛围。

图4-8 选用材料样板

如墙纸、涂料、地毯、墙面砖、地砖、石材、木材等选用实物，以及家具、灯具、设备等选用实物照片。

图4-7
图4-8

3. 施工图设计阶段

施工图设计是对初步方案设计的深化，是设计与施工之间的桥梁，是工人施工的直接依据（表4-5）。施工图设计阶段的内容包括整个场所和各个局部的确切尺寸及具体做法，结构方案计算，各种设备系统（水、暖、电、空调等）计算，选型与安装等。具体来说，其中包括施工中所需的有关平面布置，立面及顶平面的详细尺寸，构造节点详图，细部大样图；材料及作法的详细说明；选用材料与设备的型号、具体特征等，以及设备管线图、编制施工说明和造价预算。

方案图设计阶段以“表现”为主要内容和目的，而施工图则以“标准”作为主要内容，它的标准是施工的唯一科学依据。一套完整的施工图纸应该包括界面材料与设备位置、界面层次与材料构造、细部尺寸与图案样式这三个层次的内容。

表4-5　施工图纸的主要内容

施工图纸主要内容	主要表现与常用比例
界面材料与设备位置	主要表现在平面图和立面图中，用于表现地面、墙面、顶棚等的构造样式，材料划分与搭配比例，标注灯具、供暖通风、给排水、电器等的位置与型号等信息；常用比例为1：50 、1：20 、1：10
界面层次与材料构造	主要表现在剖面图中，详细地表示不同材料与界面之间连接的构造；由于很多现代材料都有各自标准的安装方式与要求，因此剖面图的绘制主要侧重于剖面线的尺度与不同材料的连接方式；常用比例为1：5

续表

施工图纸主要内容	主要表现与常用比例
细部尺度与图案样式	主要表示在细部节点详图中，它是剖面图的详解，而细部尺寸多为不同界面转折或不同材料衔接过渡的构造表达，常用比例为1：1或1：2；图案样式多为平立面图中特定装饰图案的施工放样表现，而自由曲线多的图案可根据具体情况决定相应的尺度比例

4. 设计实施阶段

设计实施阶段即工程的施工阶段（图4-9）。在开工之前，设计人员首先应向施工单位进行设计意图说明及图纸技术交流。施工期间，应根据图纸要求核对施工实况，特殊情况还需要根据现场实际情况，对图纸进行局部的修改或补充（由设计单位出具修改通知书）。施工结束后，由质检部门和建设单位进行工程验收（图4-10）。

为了使设计取得预期的效果，设计人员必须抓好设计各阶段的环节，充分重视设计、施工、材料、设备等各个方面，并熟悉与原建筑物的设计、设施（水、电等设备工程）设计的衔接，同时还需协调好与建设单位和施工单位之间的相互关系，在设计意图和构思方面取得沟通与共识，从而达到理想的设计效果。

图4-9 景观项目施工

图4-10 会议汇报工程验收情况

图4-9 | 图4-10

第二节　环境艺术设计创作特征

一、功能特征

在设计的创作过程中，设计师首先面临的问题就是设计对象所承载的功能，而在环境艺术设计的创作中，功能性的要求显得尤为重要。《辞海》对“功能”释义为“事物或方法所发挥的有利的作用”。

处理任何一项环境艺术设计事务，无论是大到城市的区域规划（图4-11），还是小到一个公共设施小品的构思设计（图4-12），都会涉及大量的人力、物力以及社会各类资源的投入，由此来实现人们的主观意愿在现实生活中的投影。它直接反映出在现实生活中的存在价值，直接满足人的某种物质需要。通常情况下，脱离功能需求的设计，往往无法经受社会人士与时间的双重考验。

设计中融入城市历史文化、名人典故，在优化环境的同时也做到了弘扬城市历史文化。

沿江景观带设计具备多功能性，有完整的城市休息、娱乐功能，能够为居民提供一个良好的亲水空间，具备调节城市蓄水和排水的能力，同时能够解决城市水污染严重的问题，打造出一片宜人的生态环境。

重视植物的布置，且每一处风景都独具匠心。

公园小品设计采用半围合的廊柱形式构造，造型独特，兼具实用功能，创意十足。

图4-11 杭州沿江景观带

图4-12 公园休息设施小品

图4-11 | 图4-12

设计特征和差别性来源于生活的创作，随着对功能性的深入研究，其越发具备功能上的内容。功能来自需求，人们通过研究环境与行为的关系来探索行为机制与环境的关系，然后由环境设计来满足人的需求。真正的功能是建立在人对环境的各种需求分析上的，从设计的角度可以将功能因素细分为实用（物质）功能、认知（精神）功能和审美功能三个部分（表4-6）。

表4-6　　环境艺术设计创作的功能特征

环境艺术设计创作的功能特征	设计图（景观小品）	主要内容
实用功能		也称为物质功能，通过设计物与人之间的物质和能量交换，直接满足人的某种物质需要、生理需求、心理需求、行为需求；对于环境中的某个问题或某种功能需求，可以设计的方式即刻实现，或改进，或挖掘潜在需求
认知功能		也称为精神功能，通过视觉、触觉、听觉等感觉器官接受来自物的各种信息刺激，形成整体知觉，从而产生相应的概念或表象；具有某种象征、隐喻或暗示功能，并在使用过程中体现出社会意义、伦理观念等内容，也是象征符号形成和运用的结果
审美功能		让事物的内在和外在形式唤起人的审美感受，满足人的审美需求，是设计物与人之间相互关系的高级精神功能因素，并且还贯穿于实用功能与精神功能的执行过程之中，包括形式美、意境美等

二、整体特征

环境艺术的整体特征即在实践中坚持从全局的角度去营造整体环境，也就是对环境的“整体意识”。环境艺术设计是对事物的内外部各种复杂甚至相互矛盾的关系的设计，在创作的过程中，处处体现着设计师对整体设计的把握能力。

在《市镇设计》一书中，英国杰出的建筑师和城市规划师吉伯德表示环境艺术为“整体的艺术”，他认为，当环境诸要素和谐地组合在一起时，会产生比这些要素之和还要更多的东西。

美国KPF事务所佩特森认为：“不论一座建筑物作为一个单体有多美，如果它在感觉上同所在的环境文脉格格不入，就不是一座好的建筑（图4-13）。这里说的环境文脉不单是地段条件的简单反映，更多的是指体量间含蓄的联系，道路格局的统一，开敞空间的呼应，与现有建筑的对话，材料、色彩和细部的和谐以及天际轮廓线的协调与变化等。”

任何设计都不是孤立的个体，不应局部地解决问题，要从整体的角度来看。因此，设计师要做到“胸中有丘整”，面对各方面的矛盾从容应对，带着综合性、前瞻性的眼光来看待场所，必须从活动、意象、形式三个方面有机地协调并控制设计的产生和发展。

任何一个优秀的设计成果其实都包含着设计师对整体性的孜孜以求，它能够让人们被环境中的某种气氛感染和吸引，流连于环境的舒适、雅致（图4-14），总而言之，这些都是源于设计创作艺术中对整体性的思考成果。不具备整体特征和统一特征的设计作品无法让人们找到对环境的认同感、归属感，无法使人们产生共鸣的。

保持设计的整体性是十分有必要的，设计师一定要予以重视，同时这也是每个设计师都要面对的问题，是环境艺术设计立足的根本所在。有时设计创作也会从主要问题或侧面问题入手，但最终都要落实到对整体的考量上来。

（a）

（b）

图4-13 九华山涵月楼度假酒店设计

“九华朝圣处，禅房花木深”，酒店整体布局极为精巧，徽派建筑风格独特，依山就势，构思精巧，与大自然融为一体，无不显示出徽派园林“天人合一”的意境。

(a)

(b)

酒店坐落于汉唐风格的古村内，毗邻著名的灵隐寺，拥有无可比拟的自然风景和独特的地理位置。

因由茶园所改建，格外古色古香，入目皆是粉墙黛瓦，青石涓流，山林气息浓郁。

(c)

酒店内外设计都致力于重现当年的场景，因此，黄泥墙、青瓦顶、青石板……这些皆保留在设计之中。

设计力求将本土的人文精神与自然景观达到最完美契合，为客人提供当地的文化体验。

室内设计体现了当年制茶、晾茶的场景，室内净空较高部位，用平整的竹席拼划分出卧室和起居室。

(d)

(e)

酒店有47栋独立的院落，或是客房，或是餐厅，或是茶室；每处的门帘处都标有各自的雅称，如乐陶、清泉、法云舍等。

图4-14 杭州法云安缦酒店设计（国际设计大师贾雅）

三、时空特征

可以说环境设计是“四维”的，它是兼具空间和时间的四维表现艺术，主要强调时间与空间的不可分离性。从客观上来讲，空间限定是环境艺术设计的基础要素，但需要以人的主观感受为主导的时间序列要素来穿针引线，反之，环境艺术设计是不复存在的。

时间和空间是我们体验环境的基本框架，城市“不仅是空间中的场所，还是时间中上演的戏剧”。空间是物质存在的延续性，由边界来限定或统辖。无论是室内还是室外，设计师们都不遗余力地刻意追求与营造空间的特性。因此，环境艺术设计就是在空间中完成的艺术，对空间的重视是毋庸置疑的。

同时，时间是物质运动过程的持续性和顺序性，对于空间形态的实现完成具有重要意义。空间序列在现实中表现为以不同尺度与样式连续排列的形态，并且由时间来实现。

在这样的时间链条上，要求设计师拥有长远的创作眼光，同时要保持历史文脉的特征，体现时间的延续性，要看到未来的发展和时代对环境的要求，尽可能地兼顾处于时间链条上的两个极向。

总的来说，环境艺术的时间特征表现在以下三个方面（表4-7）。

表4-7　　环境艺术的时间特征

序号	时间特征的具体表现
1	环境艺术设计的空间与时间是一对并行的关系，是不可分割的；在空间中，接收到的各类信息都是时间的累积，是动态的，且其延展要靠时间来实现
2	任何一个设计都处在时代发展的某个节点上，都不可避免地表现出当时一个较长时段的社会习俗与风土人情，并且出于某种特定的需要，还要刻意去营造这样的特征，生活中常说的“文脉”强调的就是文化在时间上的延续性
3	环境艺术设计不是瞬间完成的，而是由一个甚至几个设计团队配合社会各方面的力量接力完成的，其形成过程是动态的、连续的，这个过程也要靠时间来完成，并且在未来的一段时间内，设计的意义由环境的真正使用者以某种生活形态来最终实现

四、审美特征

艺术作为一种特殊的社会意识形态和特殊的精神生产形态，以其审美性格区别于宗教、哲学等其他意识形态，艺术以审美的方式认知世界、反映社会生活，并以审美的手段生产产品、创造精神成果（图4-15、图4-16）。

图4-15 展示空间（某艺术展厅）

这是建筑的一层空间，有发布区、咖啡吧与接待区等功能，二层空间与之夹层交织，互为一体，相互依存。

图4-16 展示空间（东方之家）

借助绢这一具有文化属性的材料，在绢上绘制出的抽象悠远的山水图像及其意境，来围合出承载东方精神的半开放空间——茶室与禅室。

图4-15 | 图4-16

可以说，审美是一切艺术门类（如文学、美术、音乐、舞蹈、戏剧、摄影、电影等）区别于其他社会事物（如政治、法律、哲学、宗教等）的共同性格。审美作为一种主体对客体的反映形式是文化的产物，是人类自我意识、自我完善的情感表现。

设计的目的在于为人们创造更为舒适、安全、高效的生活（图4-17、图4-18）。而审美是设计活动过程的重要参与者，也是对设计作品最后的检验者，是体现设计师专业水平的重要方面。

环境艺术设计创作在审美上的考量具体表现在以下三个方面。

（1）视觉审美。侧重于视觉上的愉悦，装饰性强。

（2）功能审美。发现新的功能，创造出所使用的价值。

（3）精神审美。寄情喻物，折射出深刻的精神内涵，体现出与设计师在思想上的沟通。

第三节　环境艺术设计师的现状与职业素养

一、环境艺术设计师现状

在社会经济与文明不断发展的背景下，环境艺术设计师肩负着处理自然环境与人工环境关系的重要职责。设计师手中的蓝图深深地影响和改变着人们的生活，也体现了国家文明与进步的程度。因此，我们有必要也应该确认环境艺术设计师在社会生活链条中的位置及其责任（图4-19）。

环境艺术设计的内容很广，从业人员的层次和分工差异也很大，同时环境艺术设计也是一个充满各种诱惑的行业，对人们的潜意识产生了深远的影响。但是，我们要清醒地认识到设计的意义，明确环境艺术设计师的职责及设计的正确方向等问题，抛弃形式主义，抛弃虚荣，做一个对社会、国家乃至人类有真正贡献的设计师。

环境艺术设计师首先要确立正确的设计观，明确设计的出发点和最终目的，以最科学合理的手段为人们创造便捷、优越、高品质的生活环境。设计不是闭门造车，也不是搭建空中楼阁，室内或是室外，有形或是无形，都必须结合客观的实际情况。

其次，环境艺术设计师有责任也有义务引导项目的投资者与之达成共识，而不是只顾追逐自身的经济利益，更甚者枉顾法纪。面对这些，环境艺术设计师要树立科学的生态环境观念，倡导经济型、节约型、可持续性的设计，珍视土地与能源，树立环保意识（图4-20）。应从优秀的设计案例中吸取经验和教益，理解设计的真谛。

再者，环境艺术设计师对于大众具有引导的作用和责任。丑的事物无法替代美的事物，假的事物代替不了真的事物，设计师要树立并持守正确的价值观及人生观，因势利导地指出设计

图4-17 卧室空间

具备休息和装饰功能，设计风格偏向于女性化、高雅、高档次，设计感十足。

图4-18 休息、工作空间

家具较低矮、小巧，布局紧凑，整体设计以舒适为主，集办公与休闲功能于一体。

图4-19 环境艺术设计师

家是用来居住的充满了个人行为的场所，因此，设计的着眼点永远是生活其间的人及家庭。

图4-17 | 图4-18 | 图4-19

图4-20 陕西千渭之会国家湿地公园

昔日，千渭流域污染严重，破败不堪；现今，公园通过各种节水措施，营造节水型新型湿地公园，其坡面采用自然草坡，恢复了良好的生态环境，呈现出“碧水映草木，飞禽久徘徊”的湿地景象。

（a）

（b）

发展的方向，创造更多的设计附加值，传递给大众更为先进、合理、科学的设计理念，这样才能引领大众。要知道，环境艺术设计师的一句话或许会改变一条河、一块土地、一个区域、一座城市的发展和命运，设计师的责任极其重大。

★补充要点：

环境艺术设计师的要求

环境艺术设计师最对口的专业是环境艺术设计。其核心课程包括植物学、环境规划设计、环境景观设计、环境设施设计、建筑小品设计、园林设计、环境工程施工与管理等。就业领域是环境艺术设计领域的设计岗位及管理工作。

职业定义：掌握环境艺术设计的基本理论和业知识，能从事环境景观设计、建筑小品设计及施工技术与管理的高级技术应用型专门人才。从事的主要工作包括环境景观设计与施工。

职业资格：该职业资格共分三级：助理环境艺术设计师、环境艺术设计师、高级环境艺术设计师。

就业方向：室外设计、广场设计、园林设计、街道设计、景观设计、城市道路桥梁设计。

考试时间：每年统考四次，时间为4月、6月、10月和12月。具体考试日期、地点、方式由考生所在地的考试机构或培训机构另行通知。

二、环境艺术设计师的自我修养

设计师的最高境界是全才和通才，他们既需要有音乐家的浪漫、画家的想象，又需要有数学家的严密、文学家的批判，还要兼顾诗人的才情，思想家的谋略，能博览群书，又能躬行实践，是理想的缔造者，也是理想的实现者。设计师是一个与众不同的职业，一个优秀的设计师或许不是“通才”，但一定要具备文化、道德、技能几个方面的修养。

1. 文化修养

把设计师看成是“全才”“通才”的一个很重要的原因是设计师的文化修养。因为环境艺术设计的属性之一就是文化属性，要求设计师有广博的知识面，把眼界和触觉延伸到社会、世界的各个层面，敏锐地洞察和鉴别各种文化现象、社会现象，并将其与本专业相结合。

文化修养是设计师的“学养”，意味着设计师一生都要不断地学习、提高。它有一个随着时间积累的慢性的显现过程。特别是初学者更应该像海绵一样持之以恒，吸取知识，而不可妄想一蹴而就。设计师的能力是伴随着他知识的全面、认识的加深而日渐成熟的。

2. 道德修养

设计师不仅要有前瞻性的思想、强烈的使命意识、深厚的专业技能功底，还应具备全面的道德修养，包括爱国主义、义务、责任、事业、自尊和羞耻等。不应片面地认为道德内容只是指向“为别人”，其实加强道德修养也是为我们自己。高品质道德修养意味着健全的人格、成熟的人生观和世界观，在从业的过程中能以大胸襟来看待自身和现实，而不会患得患失、因小失大，这样才算是一个成功的设计师。

环境艺术设计与生活息息相关，一个好的设计成果，一方面得益于设计师的聪明才智，另一方面，其实更为重要的是得益于设计师对国家、社会的正确认识，得益于他健全的人格和对世界、人生的正确理解。重视和培养设计师的自我道德修养（图4-23）是设计师职业生涯中重要的一环。一个在道德修养上存在缺陷的设计师无法真正取得事业的成功，无法让生态环境得到良好的设计与保护。

3. 技能修养

技能修养指的是设计师不仅要具备“通才”的广度，更要具备“专才”的深度。综合权衡各种相关因素，并最终通过设计形式表现出来，这是设计师的工作，这也正是他们与工程师、技师的明显区别。“设计师应具有将功能和艺术格调（比例、敏感性、戏剧性特征以及和其他与‘美’密切相关的因素等）组织起来的能力。”这里强调的是设计综合技能。除了综合技能，还有单一技能，如创意理念（图4-24）、绘画技能（图4-25）、软件技能等。

其中，绘画技能是设计师的基本功，从理念草图的勾勒到施工图纸的绘制，都与绘画有密切的联系。由于近几年软件的开发，很多学生甚至设计师认为绘画技能不重要了，认为电脑能够完全替代替手绘图，这是一种错误的认识。事实上，优秀的设计师历来都很重视手绘的训练和表达，从那一张张饱含创作灵感和激情的草稿中，能感受到作者力透纸背的绘画功底。

三、环境艺术设计工作必备素养

环境艺术不是一门纯粹观赏性的艺术，它是表达艺术家个性的作品，是多学科、多专业交叉与融合的产物。该学科特征表明了环境艺术设计丰富的内涵和广阔的外延，也就是说，要求环境艺术设计师既要具备坚实的理论基础和广博的知识以及良好的艺术素养，又要掌握丰富的实践经验。简言之，可以概括为广、深、融，理论与实践并进，科学与艺术的融合。

首先是广博，环境艺术设计师应具备多方面的、广泛的专业知识，应对各种设计对象的能力，适应设计工作不断发展的要求。就理论素养与专业技能而言，需要环境艺术设计师广泛地学习、涉猎和掌握当代主流的思想理论和一切新观念新思维，强化自己的专业技能，如绘画表达技能（图4-21）、计算机操作技能（图4-22）、快速检索资料的能力等。需要环境艺术设计师通晓各种艺术门类与主流艺术派别的特点及区别，还需要在学习的基础上建立自己的艺术价值观，从而在环境艺术设计中将自己独特的艺术价值观表现出来，使作品富有艺术的生命力。

其次是深厚，在广泛地扩大视野、拓展知识面的基础上，环境艺术设计师更应着手理解和掌握专业知识和必备的业务技能，而这些专业知识与技能正是环境艺术设计师所应具备的有别于其他专业的核心问题，同时也是设计师工作中自觉使用的语言和工具。

可以说，掌握技能的熟练程度直接关系到设计工作的成败。熟练的草图构思、图文交流和表现能力，主导着今后设计工作的顺利开展。应强化练习，反复比对，熟练地运用材料、色彩、绿化植物等元素进行环境艺术空间创造，对设计元素有深层次的认识和理解。例如，环境艺术设计中的功能问题（图4-23）、尺度问题、空间组织等，对于初学者而言显得十分复杂、难以掌握，但这些问题恰恰在实际工作中是时时存在、处处出现的。对于这些常见问题的解

图4-21 绘画表达技能

图4-22 计算机操作技能

图4-23 室内功能分区图

图4-21 | 图4-22
图4-23

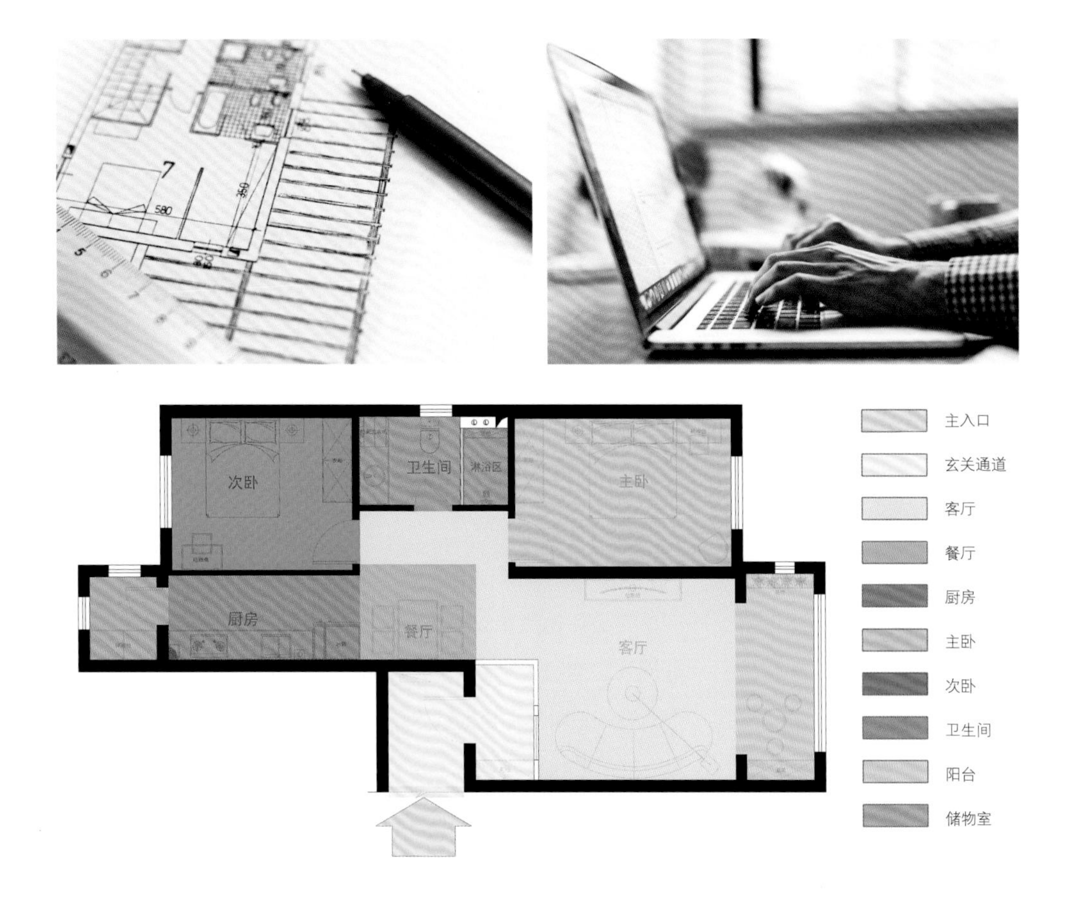

决，如能做到庖丁解牛般的熟练，那么实际工作势必会易如反掌，设计思想势必会上更高层次的境界。

最后是融合，就专业学习而言，环境艺术是城市规划的微缩与物化，是建筑设计的外延；就学科特征而言，环境艺术是科学技术与文化艺术的有形结合。环境设计师需要具备将不同的实际需要、审美爱好以及经济情况、艺术性等要求融合为一体，协调解决各种问题的专业能力。同时，环境艺术设计不是个人行为，它的实现需要多方面人员的通力合作，包括技术人员（图4-24）、管理人员以及政府官员等。

总的来说，环境艺术设计师应善于听取各方面的建议和意见，并与相关专业人员合作交流，这是环境艺术设计师必须具有的专业素质之一。环境艺术设计师应该具备良好的沟通能力，能够融合各方面的需求和利益，只有这样才有可能成为一个成功的环境艺术设计师。

图4-24 工程施工技术人员

（a）

（b）

第四节　环境艺术设计评估标准

一、环境艺术设计评估

环境艺术设计评估是指个人或群体以某种价值标准对设计成果做出判断，评估的过程就是为所做的判断提供证据。环境设计的原则是从宏观、整体以及从人类发展的角度审视现有的价值观，而设计的评估标准有特定目的，能够在特定时刻对具体设计做出优劣判断，并起到改进、指导设计的作用。

在不同的国家和地区，它们都有一个评估、衡量设计水平高低、设计成果是否优良的体系。根据各个国家、地区的文明发达程度，设计的评估标准并不完全一致。这种判断与我们自身的价值取向有关，只有当评价者的价值观相近时，才能得到一致的判断。

二、制定评估标准

制定评估标准应根据具体案例所发生的地点、时间、条件等具体情况来考虑，应带着客观、动态的眼光来看待相关标准。在评估人工环境时，人们主要依据城市规划设计的评价方法；在评估自然环境时，人们主要依据景观设计的评价方法。

在景观设计领域，评价方法的研究对于我们很有借鉴意义。从主观经验模式出发，包括视觉经验、认知经验等评价方法；从客观机能模式出发，包括生物恢复力、异质性、种群源的持久性和可达性、景观的开放性等，可从这几个方面来评估生态机能。

在城市设计领域，有定量的评价目标、定性的评价目标两种类型的评价目标值得借鉴、参考。定量的评价目标是对设计内容中的自然因素包括气候、阳光、地理、水资源等进行衡量；定性的评价目标是对城市的美观、心理感受、效率等内容进行衡量。

人们将这些目标和实际案例联系起来，产生了多样化的评估策略。其实城市设计的评价标准也是可以运用于室内设计的，但要注意，室内设计的评价更应该站在使用者的立场。

★小贴士

城市设计评价6条准则

作为环境艺术设计师，要明白目标和价值取向是设计的内驱力并贯穿设计的始终，设计成果的检验离不开预设的目标和评价标准。在设计的评估过程中应更多地听取公众的声音，强调公众的参与性。

有许多设计理论家都对评估体系做出了相应的研究，其中在《设计城市》中，有国外学者曾提及城市设计评价的6条准则：

（1）历史保护与城市更新；

（2）人的适居性；

（3）空间特征；

（4）土地综合运用；

（5）环境与文化的联系；

（6）建筑艺术与美学准则。

第五节　案例解析：环境艺术设计美学特征分析

一、美学特征——完整性

环境艺术设计的重要核心理念就是环境整体意识的确立，通过整体意识的综合表现来展现环境艺术设计的美学特征。此处的“完整性”不但指单个设计的完整性，还要求它能够与周围的环境达到高度的协调，单个设计构成建筑组群，同时又作为该组群的一部分而存在（图4-25）。

二、美学特征——生态美

在自然生态美的视角下，美学观是科学的生态观，是普遍的伦理观和美学观在人类生存环境中的共同体现。体现这种美学观的设计可以称为“绿色生态环境设计”。随着人们生态环保观念的不断加强，环境艺术设计中的生态美越来越突出（图4-26）。

三、美学特征——特色美

设计是环境艺术中的重要一环，极具特色的设计可以吸引人们的目光，增加整个设计的感染力。在城市风景设计中，每个风景都代表着城市的特殊韵味，在设计时一定要注意保持它原来的特色，并在此基础上增加新的表现元素。对一个城市的设计改造也要遵循该城市的特色，从而使其显示出设计的特色美。可以通过具有代表性的雕塑体现该城市的历史文化，通过建筑群的构造体现城市的现代美等，这些方法在一定程度上能够增强城市的美感和魅力（图4-27）。

（a）　　（b）

（a）　　（b）

图4-25 巴黎卢森堡公园景观的完整性

“整体总是大于它的各部分之和”，从美学的角度来理解，就是整体的美感大于各个部分之和。

图4-26 巴黎卢森堡公园的生态美

生态美体现在人工环境与自然环境的融合上，应尽可能地通过自然环境来增强人工环境的美感。

图4-25
图4-26

图4-27 南京夫子庙

环境特色美是现代与古代相结合的历史产物，这里的一砖一瓦、一草一木，每一处都有着浓厚的历史沉淀。

（a）

（b）

四、案例总结

在环境艺术设计中，整体美、生态美、特色美等都是设计的美学特征的具体表现。环境艺术设计离不开美，缺少了美的展现，设计也会失去它的价值。总之，在具体实践过程中要充分展示环境艺术设计的美学特征，努力提高设计的审美情趣。

本章小结

环境艺术设计的创作设计过程不仅要遵循一般艺术创作的规律，还要运用最新的科学技术手段，按照严格的设计程序，才能最终圆满地实现设计目的。同时要求设计师具备相应的艺术修养和艺术表达能力，有很强的表现能力及丰富的表现手段。

第五章

环境艺术设计

识读难度：★★☆☆☆

重点概念：空间、类型、原则、组合

章节导读：空间是人类有序生活所需要的物质产品，是人类劳动的产物。人类对空间的需要，是一个从低级到高级，从满足生活上的物质需要到满足心理上的精神需要的发展过程。它受社会生产力、科学技术水平和经济文化等方面的制约。人的主观要求决定了空间的基本特性，反过来，建成空间也会对人的生理和心理产生影响，使之发生相应的变化。两者是一个相互影响、相互联系的动态过程。因此，空间的内涵及概念都不是一成不变的，而是处于不断生长、变化的状态之中（图5-1）。

图5-1 佛顶宫

建筑呈半圆状，穹顶是以巨型莲花托起佛顶发髻的摩尼，造型蔚为壮观；依据空间气氛它可分为三大核心空间，自上而下依次为禅境大观、舍利大殿和舍利藏宫；其气氛从现代禅意的“人间山水”过渡到庄严殊胜的“佛国天宫”，最后归结为神秘幽远的“宇宙佛种”。

图5-2 帕坦杜巴广场

（a）（b）该广场被称作“露天的博物馆”，其空间呈长方形，东边是皇宫、塔莱珠女神庙、金庙、曼嘉喷水池等，西边则是造型各异的庙宇。

图5-3 梨花大学图书馆通道

图5-4 室内空间环境

第一节　环境空间类型

一、空间概念与特性

环境艺术设计中的空间是指人类生活需要的物质产品，是人类劳动的产物。人类对空间的需要，是一个从低级到高级，从满足生活物质需要到满足心理精神需要的发展过程，都受到当时社会生产力、科技水平和经济文化等方面的制约（图5-2、图5-3）。

人的主观要求决定了空间的基本特性，反过来，建成空间也会对人的生理和心理产生影响，使之发生相应的变化；两者是一个相互影响、相互联系的动态过程。因此，空间的内涵及概念都不是一成不变，而是处于不断生长、变化的状态之中。

一般来说，一个围合空间需要若干个面，但一个或几个平面也可以暗示、划分，甚至限定空间，只不过这些空间所表达的空间特性不同。在设计实例中，设计对象往往由各种不同性质、特性的空间组合而成，这就要求我们对各种不同空间及其相互之间的联系与组合关系、方法进行深入的研究。

（a）

（b）

二、空间类型与形态

与环境中的实体建筑相比，空间是无形的虚体。然而，正是空间对象给环境艺术设计带来了无穷的魅力。环境艺术设计承载着对空间的阐释、组织、营造等多样的内涵。在场所中，正是由实体与空间合理、有效的组合、搭配，构筑了人为环境的理想世界。实体本身也具备内部空间使用价值，如建筑空间。无论是室内环境还是室外环境都是对空间形态的研究和追求（图5-4、图5-5）。

★小贴士

原始住屋

法国建筑理论家、历史学家维奥莱·勒·迪克（1814—1879年）所著《历代人类住屋》一书中，在题为“第一座住屋”的文章中，向人们说明了一组“原始”居民正在建屋的情况，他们将树干的顶端捆扎在一起，在它周围的表面上编织着许多小的树枝和小树干（图5-6）。

图书馆由左右两侧的部分组成，中间是陷入地下的通道组成了现代感十足的整体图书馆。

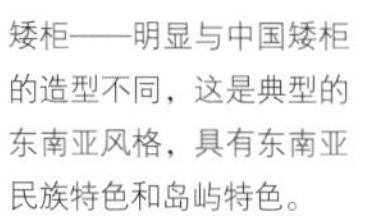

矮柜——明显与中国矮柜的造型不同，这是典型的东南亚风格，具有东南亚民族特色和岛屿特色。

在一些东南亚国家，大象是神明的化身，用在室内装饰中，包括装饰画、装饰雕像等，有纳福、招财、万象更新的象征意义。

东南亚风格有许多佛教元素，像佛像、烛台、佛手这样的工艺品随处可见。

（a）

东南亚地处多雨富饶的热带，装饰多以天然材料为主，这里的花朵装饰效果简洁、别具一格。

源于自然、取材于自然是东南亚风格的一大特点，其家具多以藤制品和竹制品为主。

（b）

川流不息的大街小巷、琳琅满目的城市商品……这些已经无法满足人们的需求了，人们反倒心生“归隐山林”之意。

将城市建筑“搁置”到绿荫环绕的山脚下，建筑单体四面通透，玻璃幕墙薄弱如“蝉翼”，若隐若现，似有似无，观景效果极好。

（a）

从室内来看，透亮的地砖、简洁的天花线条、半开敞式的墙面等，构建出一个大气、高雅的空间，迎合着建筑外“天宽地广”的自然架势。

（b）

维奥莱认为原始人基于功能需要和现有材料所修建的窝棚，应该是圆形平面、尖顶的帐篷式围护。

图5-5 室外空间环境（林语度假山庄）

图5-6 人类的“第一座住屋”

图5-5 | 图5-6

1. 空间类型

空间类型可根据不同空间构成的性质特点来加以区分，有利于在设计与组织空间时进行选择运用。常见的环境空间类型有以下几种（表5-1）。

表5-1　　空间类型

空间类型	空间类型图	主要表现
固定空间		指功能明确、位置不变的空间，由固定不变的界面围合而成，其封闭性较强，空间形象清晰；空间界面与陈设的比例与尺度协调统一，私密性较强，色彩淡雅和谐，光线柔和，视线转换平和
动态空间		也称流动空间，具有开敞性和视觉导向性的特点，界面组织具有连续性和节奏性，空间构成形式变化丰富，常常使视点转移；引导人们从“动”的方式观察周围事物，将人们带到一个由空间和时间相结合的“四维空间”
开敞空间		是流动的、渗透的，受外界影响大，与外界交流较多，因而显得较大，是开放心理在环境中的反映，常表现得开朗而活跃，适合公共性空间和社会性空间

续表

空间类型	空间类型图	主要表现
封闭空间		是用限定性较强的围护实体（承重墙、隔墙）等包围起来的，有很强的隔离性、领域性，私密性较强，静止而凝滞，流动性较差；表现得安静或沉闷，是内向的、拒绝性的；常采用落地玻璃窗、镜面等来扩大空间感和增加空间的层次感
虚拟空间		又称为积极形态，指人可以看到和触摸到的形态；不以界面围合作为限定要素，只依靠形体的启示和视觉的联想来划定空间，或是象征性地分隔，借助室内部件及装饰要素形成“心理空间”
实体空间		由空间界面实体围合而成，具有明确的空间范围和领域感

2. 空间形态

具体来讲，常见的基本空间形态包括下沉式空间、地台式空间、凹室与外凸空间、母子空间、结构空间、共享空间等（表5-2）。

表5-2　　空间形态

空间形态	空间形态图	主要表现
下沉式空间		局部地面下沉，在统一的空间中产生了一个界限明确、富有变化的独立空间，适应于多种性质的空间；下沉空间地面标高比周围低，隐蔽感、保护感、宁静感及私密性较强，地面标高差较大时应增设围栏
地台式空间		与下沉式空间相反，将地面局部升高也能塑造一个边界明确的空间，但其功能、效果也与下沉空间相反，适用于惹人注目的展示或眺望空间，便于观景
凹室与外凸空间		内凹与外凸式空间将建筑更好地伸向自然、水面，使室内外空间融合在一起，如挑阳台空间；就凹室而言，是将室内局部退进，私密性更高，通常将一面开敞，天棚降低，营造出清静、安全、亲密的空间；适合作为休息等候场所，可以避免空间的单调感

续表

空间形态	空间形态图	主要表现
母子空间		大空间中围隔出小空间，封闭与开敞相结合，增强亲切感和私密感，强调共性中有个性的空间处理，以满足使用和心理需要
结构空间		具有结构的现代感、力度感、科技感，具有震撼人心的魅力，可利用结构创造出视觉空间艺术效果
共享空间		指公众共同使用的空间，其基本功能是满足人们对环境的不同要求，促进人们彼此之间更多的交往

第二节　空间设计原则

空间设计是建筑与室内设计的主角，正确理解并掌握空间的概念，是从事城市规划、建筑设计、园林设计和室内设计的人员必备的基本职业素质。无论是建筑设计还是室内设计，设计原则是设计师进行创作的依据，是空间设计的基本要求与保障（图5-7）。

一、功能性原则

在设计史上，美国建筑师路易斯•沙利文第一个提出了著名的“形式追随功能”思想理论，提出“自然界中的一切东西都具有一种形状，也就是说有一种形式，一种外观造型，于是就告诉我们，这是些什么以及如何和别的东西区分开来”，“功能不变，形式就不变”。

设计行为有别于纯艺术，基于功能原则，任何设计行为都有既定的功能要满足，是否达到这一要求，成为判断设计结果成功与失败的一个先决条件。空间设计的实用性是室内设计和环境设计的基础，它建立在物质条件的科学应用上，如空间计划、家具陈设、储藏设置及采光、通风、管道等设备，必须合乎科学，以提供完善的生活效用（图5-8），满足人们的生活、工作、学习、娱乐需求（图5-9）。

二、文化性原则

文化是空间设计的灵魂，空间设计既是物质产物，又是精神产物，所有的空间都存在于某一地域环境中，体现当地的文化特征（图5-10），这是不同的空间设计共有的艺术规律。设计者应在设计中充分反映当地自然和人文特色，弘扬民族风格和乡土文化。意境的创造是空间设

图5-7 公寓办公空间

图5-8 北欧风格客厅空间

设计简单舒适，触感温润，自然美观，搭配看似漫不经心，实则处处流露出居住者对舒适生活的向往与追求。

图5-9 儿童娱乐空间

空间色彩柔和、温润，布局宽敞，采光良好，非常适合低龄儿童游戏、玩耍。

图5-10 凤凰古城

图5-7

图5-8 | 图5-9

图5-10

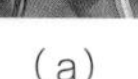

(a)

(b)

云卷云舒，悠悠数千年，此地为少数民族聚居地，古边城的风韵弥漫在凤凰的繁华深处，古色古香的小镇文化底蕴与生活令人向往。

(a)

(b)

(c)

计文化的最高诠释，它不仅使人们从中得到美的感受，还能以此作为文化传导的载体，表现更深层次的环境内涵，给人们以联想与启迪。

★补充要点

建筑师路易斯·沙利文

路易斯·沙利文（Louis Sullivan，1856—1924年）出生于美国波士顿，是芝加哥学派建筑师，美国现代建筑（特别是摩天楼设计美学）的奠基人，建筑革新的代言人，历史折中主义的反对者，芝加哥学派的中坚人物。

沙利文在高层建筑造型上的三段法，即将建筑物分成基座、标准层和出檐阁楼的手法，影响深远。同时，他还提出“建筑设计就是赋予每座建筑以合适的和不错误”的形式，进一步强调“功能不变，形式就不变”理论。他重视功能，第一个提出“形式追随功能”的口号，认为装饰是建筑所必需且不可分割的内容，但他不取材于历史形式，而是以几何形式和自然形式为主。其作品有芝加哥大礼堂、温赖特大厦、芝加哥昌利住宅、保证大厦、中西银行大厦等。

三、艺术性原则

空间设计一方面需要充分重视文化性，另一方面又需要充分体现艺术性。在重视物质技术手段的同时，应高度重视建筑美学原理，创造具有表现力、感染力和文化内涵的空间环境和形象，使生活在现代社会高科技、高节奏中的人们能在心理上、精神上得到平衡，这也是现代环境艺术设计中面临的问题。空间设计的艺术性较为集中、细致、深刻地反映了设计美学中的空间形体美、功能技术美（图5-11）、装饰工艺美（图5-12）。

四、可持续性原则

设计者和使用者越来越深刻地认识到，空间设计是人类生态环境的继续和延伸，设计者应更好地利用现代科技成果进行绿色设计（图5-13），充分协调和处理好自然环境与人工环境、光环境、热环境之间的关系，大力推广“绿色材料”的运用（图5-14），科学合理地设计，因地制宜，向可持续的生态空间方向发展。

图5-11 餐厅空间艺术

利用灯光、装饰带等装饰品表现出餐厅柔和、舒适的空间环境和形象。

图5-12 廊道空间艺术

廊道内设计重复排列的灯具，给人强烈的色彩视觉冲击，表现出设计者赋予空间的设计意义及美感。

图5-13 某温泉民宿

有别于传统的酒店或旅社设计，该设计将自然（温泉、木棚竹、栅栏等）带入了民宿。

图5-14 某展馆入口“环保竹迹”

在设计中宣扬可持续发展理念，将自然竹林融入场馆设计。

图5-11	图5-12
图5-13	图5-14

第三节　空间组合设计

一、单一空间与组合空间

单一空间的构成可以是正方体、球体等规则的几何体，也可以是由这些规则的几何体经过加、减、变形得到较为复杂的空间（图5-15）。单一空间之间存在包容、穿插或者邻接的关系，构成了组合空间（复合空间）。

组合空间是一个大空间包容一个或若干小空间（图5-16）。大小空间之间易于产生视觉和空间的连续性，是对大空间的二次限定，是在大空间中用实体或象征性的手法再限定出的小空间，也称为“母子空间”。

大空间必须保持足够的尺度上的优势，否则就会产生局促和压抑的感觉。有意识地改变小空间的形状、方位，可以加强小空间的视觉地位，形成富有动感的态势，如许多子空间通过有规律的排列而形成一种重复的韵律感。小空间既有领域性和私密性，又与大空间之间建立起沟通和交流。

图5-15 单一空间

图5-16 组合空间

图5-15 | 图5-16

二、空间限定与分隔

空间的限定与分隔主要表现在封闭与开敞、静止与流动，空间序列的开合与抑扬等关系中。建筑物的承重结构，如墙体、柱、楼梯等都是分隔空间的因素。设计师应处理好不同的空间关系和分隔层次。同时，设计师在利用隔断、罩、帷幔、家具、绿化等对空间进行分隔时（表5-3），也要注意它们的装饰性。

表5-3　　　　空间的限定与分隔

空间的限定与分隔	空间分隔图	主要表现
建筑结构和装饰构架		利用建筑自身的结构和内部空间的装饰性构件进行分隔，构架以其简练的点、线要素构成通透的虚拟界面，具有力度感和安全感
较高的家具分隔		隔而不断，流动性很强，层次丰富，是局部象征性的分隔，如利用低矮的面、栏杆、构架、玻璃、家具、绿化、水体、悬垂物等要素分隔空间，其侧重于心理效应，分隔限定度很低，空间界面模糊
界面高差的变化		利用界面凹凸和高低变化进行分隔，具有较强的展示性，使空间设计富于戏剧性和节奏感
垂直于地面的两个平行面		有限定空间的作用，并形成朝向开敞端的方向感，富有动感、方向性；色彩、质感、形状有所变化的平行面，可以调整空间形态和方位特征；多组平行面可以产生一种流动的、连续的空间效果
垂直于地面的U形面		空间围合的能力较强，并形成朝向开敞端的方向感；在U形的底部，空间较封闭，底部中心造成某种变化，可以形成视觉中心；靠近开敞端，可带来视觉上的连续性和空间的流动性

续表

空间的限定与分隔	空间分隔图	主要表现
三条相互作用的垂直线		这是一种弱的限定，可构成空间的垂直界面；增加垂直线的数量，明确基面边界，或垂直线端用水平面联系起来，可加强空间的边缘界限，提高限定强度
四个垂直面		能完整地围合一个空间，具有向心性，界限明确，限定度最高；改变其中一个面的造型，使之与其他面区别开来，可使它在视觉上居于主导地位，并产生空间的方向性

三、空间组合与联系

空间组织是环境艺术设计的重要内容，其组织方式决定了空间之间的联系程度。首先应根据空间的物质及精神功能进行构思，一个好的方案总是根据当时当地的环境，结合建筑功能要求进行整体筹划，分析矛盾主次，抓住问题关键，内外兼顾，从单个空间的设计到群体空间的序列组织，经过反复推敲，使空间组织达到科学性、经济性、艺术性、理性与感性的完美结合。

研究空间就离不开平面图形的分析和空间图形的构成。空间的组织与构造，与空间的形式、结构和材料有着不可分割的联系。现代环境艺术设计充分利用空间处理的各种手法（表5-4），如错位、叠加、穿插、旋转、退台、悬挑等，使空间形式构成得到充分的发展。

表5-4　　空间的组合形式

空间的组合形式	空间组合图	主要表现
包容性组合		以二次限定手法，在一个大空间中包容一个小空间
对接式组合		多个不同形态的空间按照人们的使用程序或视觉构图需要，以对接的方式进行组合，组成一个既保持各单一空间的独立性又保持相互连续性的复合空间
穿插式组合		以交错嵌入的方式进行组合的空间，既可形成一个有机整体，同时又能够保持各自相对的完整性

续表

空间的组合形式	空间组合图	主要表现
过渡性组合		以空间界面交融渗透的限定方式进行组合，其重叠部分根据功能、结构和形式构图的要求可以为各个空间所共有，也可以成为某一空间的一部分
综合式组合		综合自然及内外空间要素，以灵活通透的流动性空间处理进行组合

第四节　案例解析：空间设计案例分析

在环境艺术设计中，人为干预的情况下，空间内部和外部共同组合成环境空间。地面、墙、屋顶、门窗等围成建筑的内部空间，即室内空间。它是人们凭借着一定的物质材料从自然界中围隔出来的，但一经围隔之后，这种空间就改变了性质，由原来的自然空间变为人造空间。

一、广州歌剧院（图5-17）

设计师：扎哈·哈迪德，伊拉克裔英国女建筑师，被称为建筑界的时尚女魔头，是世界上唯一一位获得普利兹克奖的女建筑师

空间大小：70000m^2

设计理念：源自被江水冲刷形成的“圆润双砾”的设计构思

建筑思想：空间透明性、空间流动性

空间创作手法：1. 拼贴与破碎——水平方向的空间组织；
2. 层叠与转换——垂直方向的空间组织；
3. 折叠——水平与垂直的空间交融；

图5-17 广州歌剧院（建筑大师扎哈·哈迪德）

外形设计似砾石，一大一小、一黑一白形成鲜明对比，凹凸的不规则几何形体和内部大跨度、大悬挑、倾斜的剪力墙柱形成复杂的不规则的建筑空间。

（a）

纯粹是一个非几何形体设计，倾斜扭曲之处比比皆是，其复杂的钢结构为国内首例。

建筑表皮的脊骨和结构框架是室内空间的支配性元素。

（b）

在空间内部，建筑师使用玻璃纤维增强石膏和固体表面处理蜿蜒的礼堂、门厅和排练空间。

（c）

二、清新田园风格家居空间（图5-18）

风格定位：清新田园风格

施工面积：120m^2

设计理念：功能实用、崇尚自然，渴望贴切大自然

图5-18 清新田园风格家居空间

客厅地面采用斜拼仿古地砖，替代了呆板的直拼地砖，主背景墙以淡黄色硅藻泥为主，淡黄色给人温暖的感觉。

部分沙发是红白格布艺的，更加贴近田园风格的设计主题。

（a）

家具布置多以深色实木为主，与地砖相呼应，在凹入空间布置了儿童游戏空间。

沙发布置虽然不是同种颜色与样式，但都属于田园风格，靓丽的红色系沙发布艺恰到好处地装饰了客厅空间。

（b）

空间整体以黄色背景、灰蓝色底纹壁纸为主，搭配浅黄色乳胶漆墙面。

（c）

三、美式风格家居空间（图5-19）

风格定位：美式风格

施工面积：130m^2

设计理念：功能实用、风格统一、注重细节，用设计改善生活

图5-19 美式风格家居空间

空间采用自由随意的美式装饰风格，整体营造出一种典雅、自然、舒适的轻松氛围，使客厅充满艺术气息。

（a）

舒适的灰黑色调家具，温柔的白色地砖，都给人一种“温文尔雅”的气质美感。

空间内并没有使用太多奢华的元素，相反，所有的装饰都非常简洁且富有质感，为了让空间更加具有典雅和谐的气氛，设计师在室内色彩上花费了不少心思。

（b）

四、案例总结

室内空间不是孤立的，它存在于与其外部复杂的相互关系之中。因此，空间内部的设计也应被置于空间外部包括自然和城市的更广阔的视野中去考察。这样做不仅会对室内空间的形成和完善提供更多的线索和可能，也会为内部空间设计提供更具逻辑性的发展基础。

本章小结

从漫无边际的外太空到显微镜下的微观世界，客观的物质世界普遍以某种空间的方式而存在。从生命萌动时被母体包裹到生命终结后入土为安，人们每时每刻都在占据空间。在人们认识空间和创造空间的同时，空间还反映了其与实体、人及其感受之间复杂关系的不同侧面，从而帮助人们不断加深对空间的认识和理解，拓展创造空间的可能性，而这才是真正有价值的。本章尝试从不同角度和层面对空间进行分析和描述，以提高大家对空间的思考、想象和创造能力。

第六章

人体工程学、心理学与环境设计

识读难度： ★★★☆☆

重点概念： 人体工程学、心理学、概念、应用

章节导读： 过去人们研究与探讨环境问题，经常会把人和物（机械、设施、工具、家具等）、人和环境（空间形状、尺度、氛围等）割裂开来，孤立地对待，认为人就是人，物就是物，环境也就是环境，或者是单纯地认为人应适应物和环境，对人们提出要求。环境设计十分重视视觉环境的设计，同时对物理环境、生理环境以及心理环境的研究和设计也已予以高度重视，并开始运用到设计实践中去（图6-1）。

图6-1 厨房空间设计

这是人体工程学、心理学在室内环境中的应用，以人为主体，运用人体计测、生理与心理计测等手段和方法，设计符合人体身心活动要求并取得最佳使用效能的室内空间。

第一节　人体工程学概念

一、人体工程学定义

人体工程学（Ergonomics）起源于欧美，是20世纪40年代后期发展起来的一门技术学科。人体工程学主要以人为主体（图6-2），运用解剖学、生理学、心理学等诸学科方法，研究人体结构功能与空间环境之间的关系。

国际工效学会的会章中，把工效学定义为："研究人在工作环境中的解剖学、生理学、心理学等诸方面的因素，研究'人—机器—环境'系统中相互作用的各个组成部分（效率、健康、安全、舒适）在工作条件下，如何达到最优化的问题。"简单地说，就是研究人与工程系统及其环境相关的学科。

在不同的国家，人体工程学有多种称谓。在欧洲有人称之为工效学、人类工程学，在美国称之为人类工程学、人因工程学，在日本称之为人间工程学。而我国目前除使用上述名称外，还译成宜人学、人体工程学、人机工程学等。

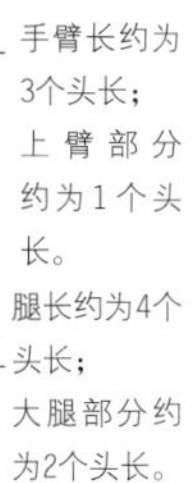

（a）

（b）

图6-2 人物比例关系

图6-3 第一次世界大战期间

（a）（b）战争对物资的需求量加大，人工的操作效率低下，人们开始着手各项试验的研究，初步实现人类工效学的研究。

图6-2
图6-3

二、人体工程学发展状况

人体工程学是一门关于技能与人体协调关系的学科，也是一门多学科知识穿插的学科。它的发展大致分为以下四个时期。

1. 萌芽时期

19世纪末至第一次世界大战，是人体工程学发展的萌芽期。由于生产任务紧张，出现了部分工人工作效率降低、操作失误的现象，于是便开始了人类工效学的研究，如美国工程师泰勒开创的"时间与动作研究"，泰勒的"铁锹实验"，吉尔布雷思夫妇的"砌砖实验"等多项研究。这些都是最早关于人与机器之间的科学实践，标志着人类工效学的开端（图6-3）。

★补充要点

吉尔布雷思夫妇的"砌砖实验"

弗兰克·吉尔布雷斯（1868—1924年）是一位工程师和管理学家，科学管理运动的先驱者之一，其突出成就主要表现在动作研究方面。莉莲·吉尔布雷斯（1878—1972年）是弗兰克的妻子，她是一位心理学家和管理学家，是美国第一位获得心理学博士学位的妇女，被人称为"管理的第一夫人"。

利用当时问世不久的连续拍摄的摄影机，把建筑工人的砌砖作业过程拍摄下来，进行详细分解与分析，精简掉所有的非必要动作，并规定严格的操作程序和操作动作路线，让工人像机器一样刻板"规范"地连续作业。他们合著的《疲劳研究》（1919年出版）更被认为是美国"人的因素"方面研究的先驱。

2. 发展初期

第一次世界大战末至第二次世界大战，这段时期是人体工程学发展的初期。男人奔赴战场，导致女人成为这一时期的主要劳动力（图6-4），"应付工作疲劳""提高工作效率""加强人在战争的有效作用"成为这一时期的研究主题。

3. 成熟时期

第二次世界大战末至20世纪60年代，人体工程学开始正式步入发展的成熟期。这一时期的科技发展突飞猛进，直接导致复杂的武器、机械产生。因此人体工程学的研究主题由“人适应机器”转变成了如何“使机器适应人”，使工人减少操作疲劳、人为错误，提高工业生产效率（图6-5）。

4. 鼎盛时期

20世纪70年代以来，人体工程学开始渗透到人类活动的各个领域，进入发展深化期。1950年，英国成立了世界第一个人类工效学学会。1957年美国创立了人类的因素学会，国际人类工程学学会于1961年成立，并在瑞典首都斯德哥尔摩召开了第一次国际会议（图6-6）。我国在此领域的研究起步较晚，1989年成立了中国人类工程学学会，并于1991年1月正式成为国际人类工程学学会会员，主要研究以下方面（图6-7）。

图6-4 第二次世界大战期间的士兵

士兵连连征战，生产劳动人手严重不足，提高生产效率势在必行。

图6-5 战争武器坦克

第二次世界大战后，复杂化武器步入生产，工业科技发展如火如荼。

图6-6 斯德哥尔摩（第一次人类工程学国际会议召开地点）

图6-7 我国召开人类工程学会议

图6-4	图6-5
图6-6	图6-7

（1）人的特性的研究；

（2）机器特性的研究；

（3）环境特性的研究；

（4）人—机器关系的研究；

（5）人—环境关系的研究；

（6）人—机器—环境关系的研究。

第二节　人体工程学与环境艺术设计

一、人体工程学与环境艺术设计的关系

环境即“周围的情况”，相对于人而言，环境可以说是围绕着人们并对人们的行为产生一定影响的外界事物。环境本身具有一定的秩序、模式和结构。环境艺术设计是指在各种具体环境里，如室内居住环境或公共环境里，如何使“人”与“环境”达到最优化的问题

设计的最终服务对象是人，因此，在这个厨房空间（环境）中，设计师必须以人体工程学的尺度为参照，按房屋业主（人）的实际需求和特殊要求来安排空间。

厨房空间内，所有的吊柜至操作台的距离及操作台至地面高度等都必须遵循人体工程学，方便业主更好的享受设计及使用家具。

立于湖面上的回廊式建筑通常仅供游人观赏美景，因此它的栏杆一般不是很高，但也不会过于低矮。

栏杆符合人体工程学的同时兼具实用功能，又不失典雅。

（a）

大门屋顶式牌楼要比横门式坊门更为庄重、美观、轩昂。

一般牌楼的中间一间特别高大宽广，便于古代车马通行，左右两侧各间较为低矮窄小，供行人出入。

（b）

图6-8 符合人体工程学的厨房空间

图6-9 须江公园景观

图6-8

图6-9

（图6-8、图6-9）。

环境艺术设计的出发点是人，终极目的是为人服务，其着重研究“环境”与“人”之间的协调关系。而“人机工程”是进行环境设计时必须考虑的因素。因此，人体工程学不但成为环境设计专业教学中重要的一门必修课程，也是环境设计学科与工程学科相互渗透和交叉的重要基础。

人体工程学主要涉及环境设计中“以人为中心”的设计理念，是环境艺术设计重要的理论基础。它综合体现了环境艺术在目标、方法和意义几个层面上的内容，并且由于它的依据直接来自人体的参照尺度，这门学科具备很强的可操作性。

“以人为中心”的设计理念对当代高速发展的社会产生了“人性化”的影响，涉及科技、家庭至各行各业。人体工程学最根本的工作是运用其各方面的知识，认真详尽地分析人类活动。人体工程学者必须研究人提出的各种需求，以及任何外界变化可能产生的影响，最关键的是要了解使用者。

“人、设施、环境”三者之间的关系好比鱼与水，彼此互相依存。从艺术的角度来说，人体工程学的首要功效在于经过对人的心理及心思的准确看法，使一切情况更适合人类的生活需求，进而使人与环境达到一致。

人体工程学在环境设计中的效果，首先表现在为确定空间场合局限提供依据，为设计家具（图6-10）和设备提供依据。影响空间外形的要素良多，但最首要的要素就是人的运动局限，以及设备的数目和尺寸。因此，在大多数情况下，在设计中依据人体工程学，才能使环境更为舒适，满足人们生活的基本需求。

二、人体基础数据

人体基础数据，包括人体构造、人体尺度以及人体动作域等几个相关数据。人体构造与人体工程学关系最为紧密，运动系统中的骨骼、关节和肌肉在神经系统的支配下，使人体各部分完成一系列的运动；脊柱可完成多种运动，是人体的支柱；关节与骨节连接，能起到活动的作用；肌肉中的骨骼肌受神经系统指挥进行收缩或舒张，使人体各部分协调动作（图6-11）。人体尺度是人体工程学研究最基本的数据之一，不同年龄、性别、地区、民族和国家的人体，具有不同的尺度差别。

人体动作域是人们在室内从事各种工作和生活活动范围的大小，也是确定室内空间尺度的重要依据之一；人体动作域的计测方法多种多样，人体尺度数据相对固定，但其尺度是动态的，与活动情景状态有关（图6-12）。

三、人体工程学的表现与应用

人体工程学是近数十年发展起来的新兴综合性学科。其在环境艺术设计中的表现与应用的深度和广度，还有待于进一步研究和开发。

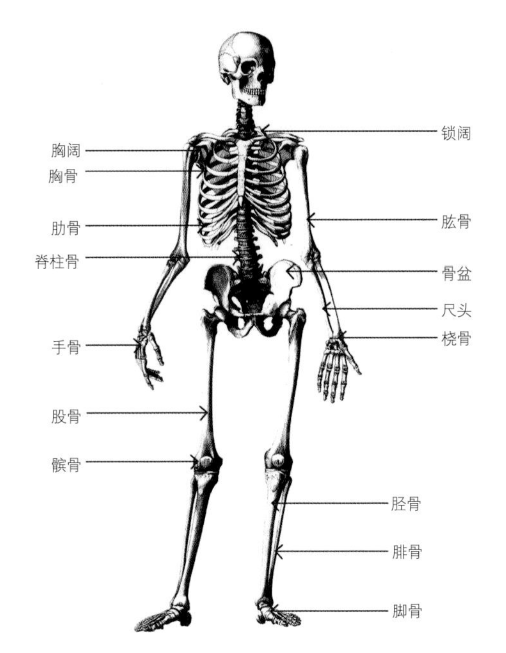

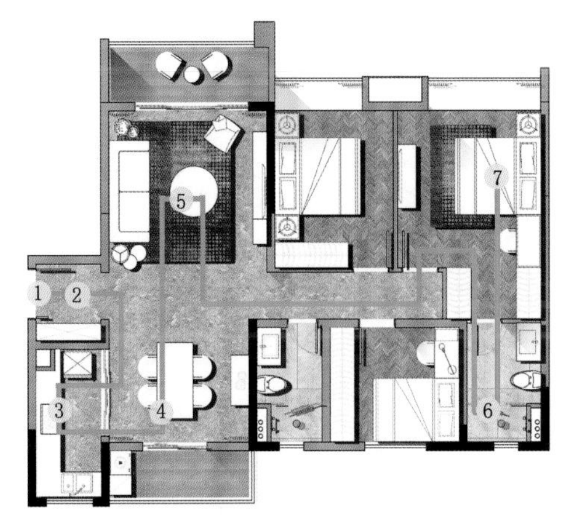

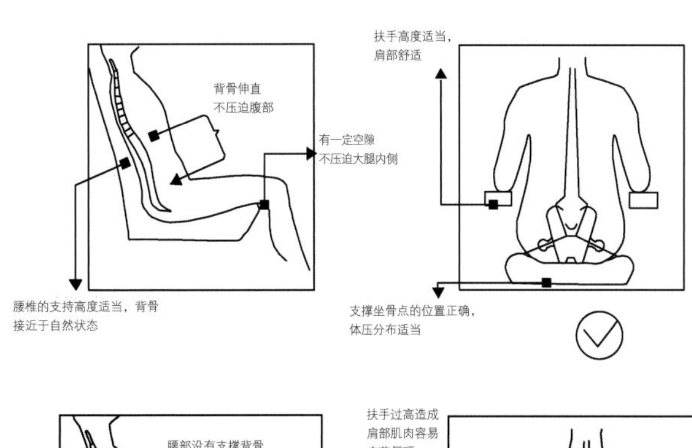

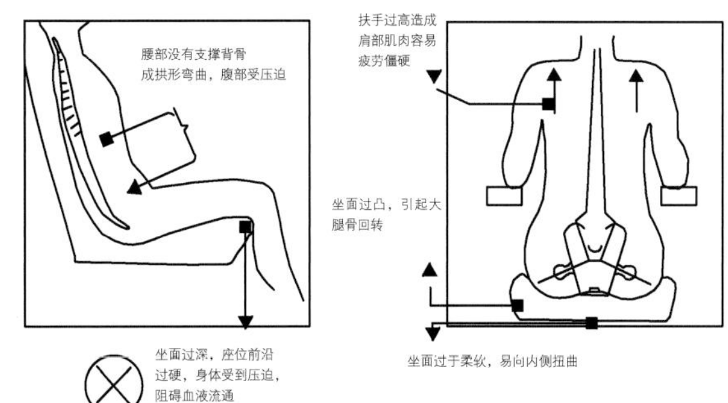

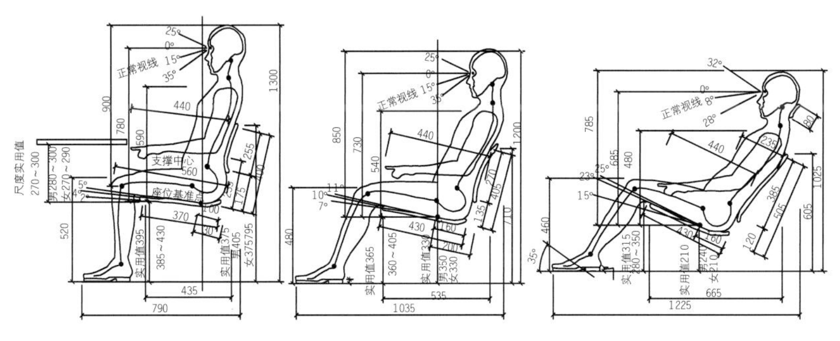

图6-10 常见室内办公家具

图6-11 人体构造

图6-12 人体坐姿尺度

图6-13 人在空间中的活动流线

以人体尺度为主要依据，从①入户进门②门厅换鞋③厨房操作④餐厅就餐⑤客厅休闲⑥卫浴盥洗⑦卧室就寝，全程预留合适空间，满足人体最佳体验尺度。

1. 确定人在环境中活动所需空间的主要依据

根据人体工程学中的有关试验数据，通过人的尺度、动作域、心理空间以及人际交往的空间等，确定空间的范围，确定家具、设施的形体、尺度及其使用范围。室内外环境的空间模数也是如此，需要根据人体工程学的相关实验数据来确定，而其又与人的体位状态及其在空间活动中的尺度相关联（图6-13）。

室内设计的空间模数是300mm，主要是依据人的体位姿态与相关行为的尺度确定的，同时又与室内装修材料的规格相吻合。这个数字之所以能够担当室内尺度模数，与它在人的行为心理及室内的平面、立面设计中具有的控制力相关。

2. 确定家具的形态、尺度及其使用范围

建筑空间的尺度、家具等设施的尺度以及家具之间的布置尺度，都必须以人体尺度为主要依据。同时，人们为了使用这些家具和设施，必须将其进行合理摆放，预留出活动和使用的最小余地，如进餐空间（图6-14）、休息空间（图6-15）、工作空间（图6-16）、会客空间（图6-17）。这些都需要符合人体工程学。

对此，美国工业设计师、建筑师亨利·德莱弗斯列举了一些不符合人体工程学的座椅设计，它们有以下共同特征。

图6-14 进餐空间

以人体尺度为主要依据，最重要的是保留过道空间。

图6-15 休息空间

图6-16 工作空间

摆放书籍的铁艺书架——当我们需要取放书籍时，不必踮起脚尖便能轻松应付；可供多人伏案书写的木质办公桌椅——当我们努力工作时，不会被别扭的坐姿所影响，可舒心地完成工作。

图6-17 会客空间

可以看到，空间内所有的家具都是“矮家具”，矮电视柜、矮茶几、矮沙发……这样的选择，一方面，比较节省空间，在无形中让居室变得宽敞明亮；另一方面，低矮的家具最容易营造出慵懒自然的家居氛围，看上去很清爽。别看它们那么矮，其实这些家具也是根据人体工程学来设计制作的，使用时跟一般尺寸的家具无异，甚至体验感更好。

图6-14	图6-15
图6-16	图6-17

低矮、小巧的家具可以说是“身兼数职”，是休息的地方，也是空间的装饰品，同时还不会让人置身此处感觉到拥挤。

这是一处简易的休息空间。由于空间的局限性，在房门口设置了休息区，目之所及只有一张矮小的简易小桌、一把扶手摇椅和一架摄影器材，高雅又不失可爱。

（1）扶手过宽；

（2）椅面过凹；

（3）座面前端过高；

（4）座面深度过大；

（5）靠背支撑点位置不准确；

（6）座椅靠背面过弯。

第三节　心理学与环境空间应用

环境心理学是研究环境与人行为之间相互关系的学科。它重视人工环境中人们的心理倾向，着重从心理学和行为学的角度，探索人与环境的最优化（图6-18）。它涉及心理学、人体工程学、医学、社会学、人类学、生态学、规划学、建筑学以及环境艺术等多门学科。

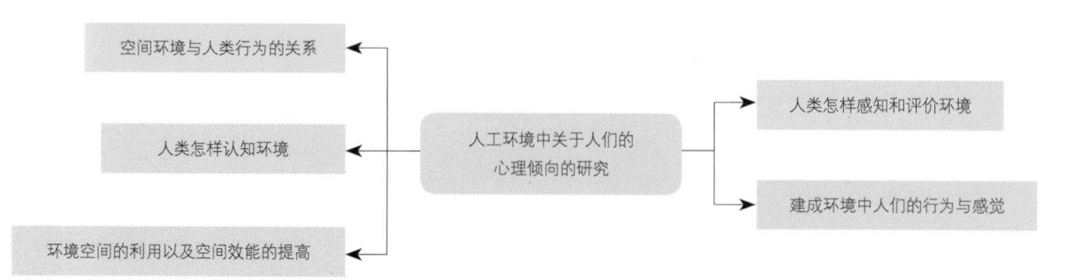

图6-18 人工环境中关于人们的心理倾向的研究课题

图6-19 门开启方式的习惯特性

图6-20 人就座方式的习惯特性

图6-21 人就寝方式的习惯特性

图6-22 售楼部设计

该设计不仅是售楼部，而且是一个文化平台，一种未来的生活形态；在满足销售功能的基础上，打破消费者常规的行为模式，提出"赏·阅·品·享"的概念，并把四个内容贯穿在室内空间及行为模式上。

图6-19

图6-20

图6-21 图6-22

（a）

（b）

一、人的动作与行为特性

人的动作和行为具有各种共通性的习惯性。这样的倾向或习惯成为人的习惯特性，这不仅是人们自身所具有的特性，也影响到空间及家具设施等的使用状况。

1. 关于门在哪一侧开启，可以看出人的习惯特性

对于各种门的习惯性开启方式（旋钮、把手、按钮等的方向操作）进行调查，结果显示人们选择右手操作的倾向较强，"向右旋转→输出增大→开"成为固定的观念（图6-19）。

2. 人的就座方式不同，可以显示出某种倾向

据调查显示，人们有把墙、窗置于左侧或正面，或把门置于背面的倾向。因此，可以看出东方人喜欢面墙、面窗而坐；而西方人则反之，他们喜欢背墙、窗而坐。同时接近九成的人把远离门口的座位、壁炉前以及墙的一侧位置当作上座，而把视野好的位置当作上座人的专座（图6-20）。

3. 人的就寝方式不同，可以显示出某种倾向

关于就寝方式，可以看出有把墙、窗置于头部一侧，而把门置于右侧或脚部一侧的倾向（图6-21）。

二、人的心理与行为

美国建筑师艾尔伯特·拉特里奇认为："环境设计成功的前提，是为使用者行为需要服务的思想，设计过程实际上就是探索怎样满足这种行为需要"。人在环境中，其心理与行为存在个体之间的差异，但从整体上分析，又具有相同或类似的共性。行为方式也是场所设计的重要组成部分（图6-22）。

1. 领域性与个人空间

领域性与个人空间在各个年龄阶层中都存在，且似乎是大家所默认的。开始时，"这种现象可能只是无意识的行为倾向，但久而久之，这类现象最终会促成事实上的区域特权化。"也就是说，领域性空间的形成是由于某些地点反复被一定的人群所占用，因此该地点的领域性特权可能被人们所默认。

（1）个人空间和领域性都涉及空间范围内的行为发生，都是人们在心理上形成的空间区域。个人空间受到现实条件的影响，随着人的走动而移动，并

图6-23 个人空间

图6-24 领域性空间

图6-23 | 图6-24

随着环境条件的不同而发生尺度、方向上的变化（图6-23）。而领域性空间却是地理学上的一个固定点，不会随人的移动而变化（图6-24）。

（2）领域性是一种空间范围，原是生物在自然环境中为取得食物和繁衍生存的一种行为方式。人们常常根据不同的场合、不同的对象，下意识地调整彼此之间的距离。人与人之间的空间间距也反映了他们之间的心理距离。人们往往都希望使自己或自己所属的群体与其他人相对隔离开来，从而形成多个空间领域。

★小贴士

人际交往的空间领域

人们在进行交往时，总是在随时调整自己与他人所希望保持的距离，他们之间常常保持着的稀疏的距离，远远超过了他们实际所需的尺寸。在不同情况下，空间距离的差异是非常悬殊的。此外，空间距离还受人们之间相互关系的影响，与人们之间的亲密程度呈反比的关系。关系越亲密，空间距离就越小。一旦有人打破了这种潜在的空间距离规律，就会引起其他人的不安。

在霍尔的研究中，根据人际关系的密切程度、行为特征，可把环境中人们之间的距离分为密切距离、个体距离、社会距离和公众距离。当然，对人际距离的分级而言，不同性别、文化程度、职业民族和宗教信仰的人，其实际人际距离也会所不同。因此，根据霍尔及其他人的研究，又将人们之间的距离总结为：排他域、会话域、接近域、相互认识域和识别域，根据各个阶段的特征，其距离也可按以下所示划分出大致的区分。

排他域（≤0.5m），通常在这个范围内，他人不能进入；

会话域（0.5m ~ 1.5m），会话交谈时所采取的距离，不交谈时他人不想进入这个范围；

接近域（1.5m ~ 3m），可以进行会话，他人在这个范围内视线很难重合；

相互认识域（3m ~ 20m），明白对象的表情，相互问候；

识别域（20m ~ 50m），明白对象是谁。

而且，人们关系的不同、交往目的的不同，都会决定他们之间的距离和个人空间，调查结果显示，人们由于交谈目的的不同会选择不同的座位。

2. 私密性与尽端趋向

私密性是人对人际界限的控制，它包括限制与寻求接触双向的过程。人在特定的时间与情景下，有一个主观与他人接触的理想程度，即理想的私密性。可以说，私密性也是寻求人际关系合适化的一个过程。

当然，人的私密性要求并不意味着自我孤立，而是希望有控制、选择与他人接触程度的自由。理想的私密性可以通过两种方式来取得，一种是利用空间的控制机制（图6-25）；另一种是利用不同文化的行为规范与模式来调节人际接触（图6-26）。

私密性涉及在相应的空间范围内，包括视线、声音等方面的隔绝要求，以及提供与公共生活联系的渠道。相关调查表明，人们总是设法开阔自己的视野，但本身又极不想引人注目。可以说人们普遍具有这样的一种习惯，对于空间的利用总是基于接近回避的法则，即在保证自身安全感的条件下，尽可能地接近周围环境以便更多地了解它。而那些既有良好观景（或是观看他人活动）效果，又能获得静谧与安全感的位置，无疑是人们的最佳选择。

总的来说，人们基本上遵循“就近性、向背性、依靠性”原则来选择具体的位置。就近性是指人们到达某个地点的方便程度；向背性是指地点的观景效果；依靠性是指所处环境是否有一定的私密性，是否能使人获得足够的安全感。例如，座椅的椅背常作为依靠点（图6-27）；栏杆、隔墙、水池的边缘总是更容易聚集人群（图6-28）。

根据文化人类学者霍尔的研究，人们在谈话时，即使有带座位的家具，也尽量保持相对型的形式和距离，如书店展架、电车的座位都是从两端开始占满空间的。

3. 看与被看

大多数人（尤其是单独的使用者）在休息时都愿意选择面对人们活动的方向。人看人、看与被看的行为规律，早就为众多的调查研究所证实，带有很大的普遍性。

对他人保持好奇心几乎是人的本性。在对他人的观察之中，人们借此判断自己与大众的关联性，并由此获得心理上的认同感和安全感（图6-29）。可以说：“人看人，其乐无穷”。而被看的欲望同样是人的本能，通过吸引观众来激发某种愉悦感，这种举动更深的含义在于他人的凝视。反之，愉悦之情荡然无存。

4. 边缘效应

在对我国城市广场的使用状况观察中发现，几乎所有的边界周围都有陆地与水、草坪与硬质地面（图6-30、图6-31）、台阶、成排的路灯或树木等元素。这种明显的分界线本身就是吸引人们的因素，它不仅对那些行为霸道的人群具有吸引力，对于那些比较胆小的，或想要获得某种安全感的人来说，同样具有强大的吸引力。

这是因为边缘界面总是给人一种控制环境的感觉，环境中的这些次要标志，有助于人们达

图6-25 办公空间

利用社会控制机制达到约束的效应，从而实现空间的私密性。

图6-26 公共空间

在公共空间中，人和人之间遵循接近回避的交际法则，从而实现空间的私密性。

图6-27 靠背座椅

图6-28 水池边缘聚集的人群

图6-25	图6-26
图6-27	图6-28

图6-29“看与被看”

图6-30 草坪上活动的人群

图6-31 硬质地面上跳广场舞的人群

图6-29
图6-30 | 图6-31

城市公共空间就像一个巨大的舞台，民众既是观众也是演员；不少人去热闹的地方看热闹，同时也是为了让别人来看他，还有的人消磨不少时间，就是为了把人们的注意力吸引到能显示自己身份的标志上。

到上述目的。而明显的分界线不仅能够提醒使用者他们所占的区域范围，而且也帮助他们不会在无意间闯入别人的领域。

人们对空间私密性的要求，也会表现在边界效应上。追求个人私密性的人并非出于对空间的长期控制，仅仅是在某种需求出现时，设法获取并维持对某一个满意环境为自己所用的暂时控制。而这些空间的边界，既能使自己与他人保持距离，在别人面前不会过多地显露自己，又能与他人保持若即若离的联系，对可能发生的情况做到随机应变。

5. 空间形态与心理行为

一方面，环境空间需要根据人们的生活经验以及现实的需要来营造，体现人的行为活动要求和心理要求，与风俗习惯、社会文化等各方面具有内在的联系（图6-32）；另一方面，环境空间也会对其使用者施加影响，通过人的知觉过程而改变其心理模式，从而使其形成一定的行为方式。这两个过程交替重复进行，因此不仅需要环境的空间布局，还要考察人的行为的空间格局，即各种活动适宜地点与空间特征等，来研究空间形态与人的心理、行为的相互作用。

在室外空间中，道路的宽窄、空间的开阔与封闭，以及由此形成的空间形态上的对比关系，使人们自然会寻找那些主要的道路，或是宽阔的、规整的空间去完成其行为（图6-33）。对于这样的空间，人们在心理上有一种天然的信任和安全感。一般来说，无论对于哪一个年龄段的人们来说，宽阔的空间使用效率都会更高。

三、环境行为心理学应用

1. 环境设计应符合人的行为模式和心理特征

日益恶化的生活环境引起了人们极大的关注，环境如何才能更好地与使用者的行为心理相协调？这一问题要求人们在新的条件下，更深入地研究环境与人们行为心理之间的关系。

在相当长的一段时间里，设计师自信能够按照自己的意志创造一种新的物质秩序，甚至一种新的精神秩序。他们认为环境是决定人体行为的重要因素，相信使用者将会按照设计的秩序去使用和感受环境。这种变相的“环境决定论”造成了人与环境的隔阂。人们通过“环境行

图6-32 道路旁的健身器材

环境中的健身器材引导着人的行为活动，人们的行动需求造就了空间的形态。

图6-33 道路

道路的宽窄、铺设材质等因素影响着空间。

图6-34 在公园练太极拳的人

图6-35 在公园嬉戏、游乐的人

图6-32	图6-33
图6-34	图6-35

为”的研究来探索行为机制与环境的关系，然后由具体的环境设计来加以满足，其结果必然是使环境更加符合人们物质与精神的要求。

环境艺术设计是为人服务的，而人具有活动性、多样化的特征，不同社会文化背景、经济地位、年龄、性别、职业的使用者，其行为模式和心理特征也有所不同（图6-34、图6-35）。换个角度来说，了解特定场所与行为相互作用的规律，可以对环境设计起到巨大的指导与启发作用。

在环境艺术设计中，了解使用者在特定环境中的行为与心理特征，能避免设计师只凭自己的经验及主观意志进行设计的问题，从而在设计师与使用者之间架起一座沟通的桥梁，使设计建立在科学的基础之上。

2. 认知环境和心理行为模式对组织空间的提示

在环境艺术设计中，空间组织结合心理行为模式构成某种提示。首先是空间的秩序，指人的行为在时间上的规律性或倾向性，这一现象在环境中非常明显。例如每天公交车上的人数随着上下班的时间而变化，且呈周期性的增加或递减。掌握这些规律对于设计师合理安排环境场所的各种功能、提高环境的使用效率很有帮助。

其次是空间的流动性，指人在环境空间中从某一点到另一点的位置移动。在日常生活中，人们为了某种目的从一个空间到另一个空间的运动，都具有明显的规律性和倾向性。人在空间中的流动量和流动模式，是确定环境空间的规模及其相互关系的重要依据（图6-36、图6-37）。

最后是空间的分布，指在某个时间段，人们在空间中的分布状况。经过观察可以发现人们在环境空间中的分布是有一定规律的。人们将这种人群在环境空间中的分布归纳为聚块、随意和扩散三种图形。

人们的行为与空间之间存在着十分密切的关系及特性，以及固有的规律和秩序，从这些特性中可看出社会制度、风俗、城市形态以及建筑空间构成因素的影响。将这些规律和秩序一般化，就能构建行为模式，而设计师可以根据这一行为模式进行方案设计，并能对设计方案进行比较、研究和评价。

图6-36 地铁人流高峰期

图6-37 地铁人流低峰期

左、右：地铁的人流量有一定的规律，在空间的设计中，需要设计者进行充分的研究，然后再作出判断。

图6-38 水上乐园

水环境的存在让游乐方式更加多样化，与水有关的游乐项目更多。

图6-39 游乐场

游乐场大多建在敞亮、平坦的环境中，通过地形、面积来规划游乐区域。

图6-36	图6-37
图6-38	图6-39

3. 使用者与环境的互动关系

在特定的社会关联中，人被同时看作是主动和被动的关系，即在决定社会与环境形式方面是主动的，而在受社会和环境影响方面则是被动的。这种人与环境的互动关系是一个阅读的过程。人类生活方式的变化导致对空间需求的变化。

环境艺术设计应研究城市生活的规律，研究不同时间和地点人们活动的特点，从而达到满足人们对空间环境需求的目的。如果人们没有按照设计意图来使用空间环境，说明设计师没有结合使用者与环境之间的互动性。

在现实中，空间环境的形成和其中的人体活动，可以说是相互补充的关系。对设计师而言，更需要关注的是人体活动在空间环境中扮演的“角色”，以及空间环境与人体活动之间的相互关系（图6-38、图6-39）。从某种程度上来说，人塑造了空间的文化环境，反之，空间环境也影响和塑造着人。

第四节　案例解析：景观设计心理学分析

一、空间与心理学

正如人需要私密空间一样，有时候人也需要自由开阔的公共空间。环境心理学家曾提出“社会向心”与“社会离心”的空间概念，园林景观中公共空间和私密空间的界定也是一个相对的概念（图6-40）。这些设计思路都是倾向于使人相对聚集，使开放性与私密性共存。私密性可以理解为个人对空间可以接近程度的选择性控制。人对私密性空间的选择表现为一个人独处，希望按照自己的愿望支配环境，或者反映个人在人群中不求闻达、隐姓埋名的倾向。

二、视野与心理学（图6-41、图6-42）

视野的开阔程度能给人带来不同的心理感受，景观开阔程度的高低能影响对游客的吸引程度。

三、人文历史与心理学（图6-43）

中国家居文化浓厚，人们对美好居住环境心生向往之情。利用地形的特点，因势利导，创造一个吉祥、和谐的设计概念，更容易说服甲方从心理上接受（也是一种心理需要）。

四、实用性与心理学

现代设计师在设计庭院时，不会一味地延续前人的庭院造景模式。随着时代更迭，更多新的、实用的造景工具被生产出来，如花架、果架等既具有实用功能又具有审美功能的景观，让生活环境更精致（图6-44）。

五、材料与心理学（图6-44、图6-45）

在景观设计中，选择材料是一门必修课。针对不同的场合，设计师应精心选择适合的材料，同时，还要兼顾使用者的使用需求与审美。例如，靠近水景的路段，需要铺设防滑防水地砖，减少滑倒事故；而在阳光充沛的区域，则需要设计更多的休闲座椅，为游客提供休憩的场所。

图6-40 淡水小白宫

景观设计既是公共空间（古迹园区），也有自己的私密性，如广场要设置冠荫树，公园草坪要尽量开放，草坪不能一览无余，要富有层次感等。

图6-41 空间视野开阔（小白宫）

视野开阔的空间显得空旷、广袤、自由、灵活。

图6-42 空间视野狭小（小白宫）

视野狭小的空间给人心理上会带来紧促、压力、沉寂、热闹的感受。

图6-43 空间园林的实用性

在景观设计中，漂亮的园艺景观使人们既可欣赏到美景，又可获得心理上的满足感和充实感。

图6-40

图6-41	图6-42

图6-43

（a）空间建筑

（b）空间结构模型

（a）

（b）

图6-44 软铺地面

软铺地面，给人柔软之感，更亲近大自然。

图6-45 硬铺地面

硬铺地面，给人厚重结实、严肃的感觉。

图6-45 | 图6-46

六、案例总结

在园林景观设计过程中，无论是布置一座假山还是对一个植物空间进行布局，都需要考虑诸多心理学因素，不仅要考虑它们的空间位置关系，还要考虑与其有关的人的关系，设计师应通过一系列关系的设计来充分展示物体最吸引人的特征，从而控制人对物体的感知。

本章小结

环境设计不仅仅是使人们的生活居住等环境产生变化，其中还蕴含着人机工程学、心理学等学科要素。作为一名景观设计师，需要全方位了解景观设计专业中的重要课程，结合“人—物—环境”的联系，以人为主体，适应“物”与“环境”之间的关联。在环境设计中，设计师充分考虑人机工程学、心理学的设计要素，才能设计出更多喜闻乐见的生活环境。

第七章

环境艺术设计技术

识读难度： ★★★★☆

重点概念： 装饰材料、生产与施工、技术、管理

章节导读： 现今，科技发展迅猛，科技在各个不同行业领域中都有所应用。在科技迅速发展的大环境下，环境艺术设计也深受科学技术的影响，尤其是在环境艺术设计的手法、施工技术和材料等方面，都非常直观地体现着现代技术的成就。其中，“材料”是设计师用来表达情绪、灵感、知识的物质载体，艺术家借助不同的材料进行精神创造，加上不同的常识和经历，形成了丰富多彩的艺术形式（图7-1）。

图7-1 空间结构

外露的空间结构展示了结构构思及营造技艺所形成的空间美，给人一种现代感、科技感、安全感和力度感。

第一节　设计技术种类

设计作为一种创造物质文化的造物活动，其所包含的内容十分广泛，且具有极强的交叉性和渗透性。因此，对设计类型没有绝对意义上的划分，只能根据不同的划分准则对其进行相应归类。具体可分为：以传达为目的的视觉传达设计、以使用为目的的产品设计、以居住为目的的环境设计、以审美为目的的装饰艺术设计、以承载传统文化为目的的民艺设计。

一、视觉传达设计

视觉传达设计（图7-2、图7-3）是指利用视觉图像进行信息传达的设计，是探讨和解释艺术设计的功能、目的、美感的形式法则。其主要处理和解决人与物之间视觉信息的完美交流，进一步完善人类在设计领域的认知观念。

视觉传达设计凭借视觉符号系统，通过人类的视觉器官——眼睛来传达信息。视觉传达设计最初的内容为报刊杂志、招贴海报、商品宣传广告和其他宣传物的设计，设计的空间范围以平面设计为主。随着科技的飞速发展，新材料和新技术开始涌现，除了传统的印刷媒体之外，还兼有电波媒体、有线媒体与光化学媒体等。视觉传达设计包含印刷设计（图7-4）、广告设计（图7-5）、包装设计（图7-6）、展示设计（图7-7）、书籍装帧设计、影像设计、视觉环境设计（公共环境的标识和色彩的设计）、企业整体形象设计等。

★小贴士

视觉传达设计三大基本要素（图7-8～图7-10）

图7-2 视觉传达毕业设计作品

图7-3 山海经图形设计

图7-4 印刷设计

图7-5 广告设计

图7-6 包装设计

图7-7 展示设计

图7-2	图7-3
图7-4	图7-5
图7-6	图7-7

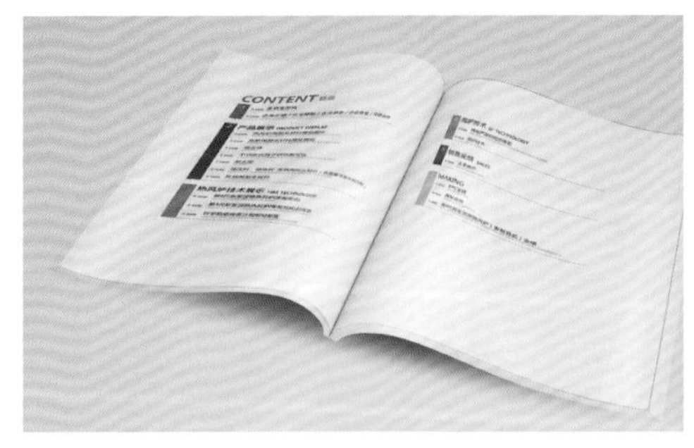

二、产品设计

产品设计作为人与自然的媒介，以立体工业品为主要对象，并以追求功能和使用价值作为其主要领域的造型活动。简言之，产品设计是将计划、规则设想、解决问题的方法，通过具体的载体将美好的形态表达出来的活动过程（图7-11）。

从生产方式的角度划分，产品设计可以划分为以手工制作为主的手工艺设计和以机器批量化生产为前提的工业设计。从设计性质划分，产品设计可分为样式设计、形式设计和概念设计（图7-12）。

样式设计（图7-13）是指在现有的技术、设备、生产条件和产品基础上进行设计，对现有产品的使用情况、技术、材料和消费市场进行研究，在此基础上改进设计；形式设计（图7-14）是指着重对人的行为和生活难题进行研究以后，设计出超越现有水平，满足数年后人们新需求的产品样式，强调的是生活方式的设计；概念设计（图7-15）是指不考虑现有生活

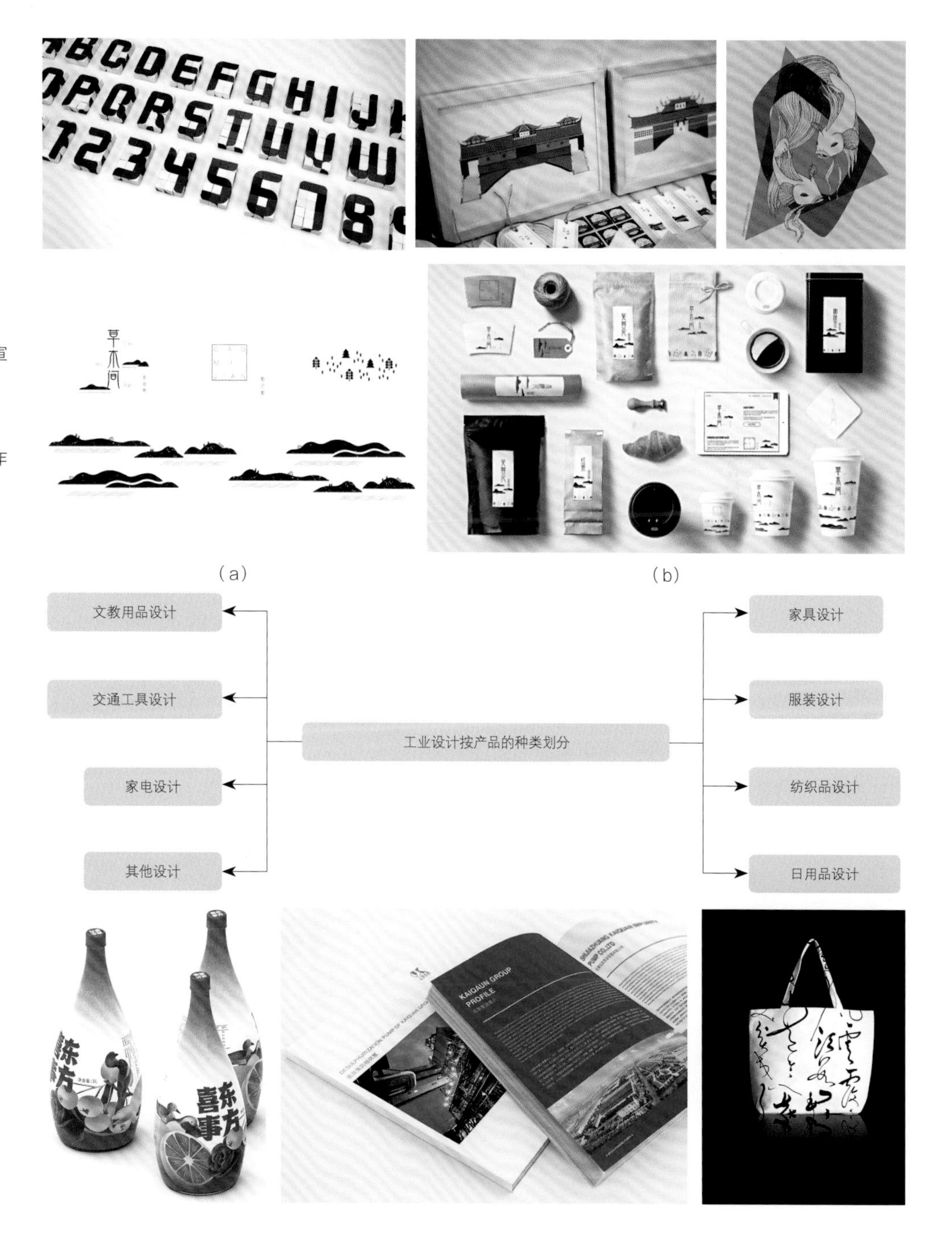

图7-8 文字

图7-9 图形

图7-10 色彩

图7-11 草木间奶茶VI设计

图7-12 工业设计按产品的种类划分

图7-13 样式设计

“东方喜事”饮品样式设计。

图7-14 形式设计

工业产品画册设计是一个完整的宣传形式设计。

图7-15 概念设计

衍生品概念及内容提取故宫典藏作品和建筑元素而成。

图7-8	图7-9	图7-10
	图7-11	
	图7-12	
图7-13	图7-14	图7-15

水平、技术和材料，看重设计师在预见能力所能达到的范畴内，考虑人们对未来产品的形态需求，是一种从根本概念出发且具有开发性的设计。

★补充要点

产品设计要素

产品设计所涉及的要素，一般认为有三种：功能、造型和物质技术条件。所谓功能，是指产品所具有的某种特定功效和性能；造型，作为功能的表现形式，是产品的实体形态；物质技术条件，则指功能的实现和造型的确立需要构成产品的材料，以及赋予材料以特定的造型乃至功能的各种技术、工艺和设备。

三、环境艺术设计

环境艺术设计通过一定的组织、围合手段，对空间界面（室内外墙柱面、地面、顶棚、门窗等）进行艺术处理（形态、色彩、质地等），运用自然光、人工照明、家具、饰物的布置，以及植物花卉、水体、小品、雕塑的配置，使建筑物的室内外空间中体现出特定的氛围和艺术风格，来满足人们的使用功能及视觉审美上的需要。

以专业类别来区分环境设计，可以分为：城市规划设计（图7-16）、园林景观设计（图7-17）、建筑设计（图7-18）、室内设计（图7-19）、公共艺术设计（图7-20）这五大类型。

图7-16 城市规划设计图

规划设计图是项目实施之前的必备图纸，是施工的重要依据。

图7-17 园林景观设计

园林景观设计是环境艺术设计中的重要课程，是优化环境的重要手段。

图7-18 建筑设计

建筑是环境艺术设计的载体，通过建筑物、景观小品表达出设计构思。

图7-19 室内设计

室内空间是人们的必备生存空间，对室内环境的改造与设计，是一项必不可少的生活需求设计。

图7-20 公共艺术设计

公共艺术空间是人们休闲娱乐的好去处，公共艺术设计既要符合大众审美，又要满足艺术性要求。

图7-16 | 图7-17 | 图7-18
图7-19 | 图7-20

第二节　装饰材料选用

随着现代科技的发展与进步，人们的生活品质不断攀升，目前“轻装修，重装饰”的装修方式和环保设计理念正在悄然流行。人们对设计的关注点已经从传统的建筑材料转移到了装饰材料上。装饰材料在环境艺术设计中起着举足轻重的作用，也成为其不可或缺的一部分。从某种意义上说，设计师对装饰材料的认知和选择，决定了设计作品的优劣程度与环境质量的高低（图7-21）。

图7-21 装饰材料

（a）窗帘

（b）墙纸

一、装饰材料的质地分类

装饰材料的质感综合表现为色彩、光泽、形态、纹理、冷暖、粗细、软硬和透明度等诸多因素，从而使材质各具特点，变化无穷。可将其综合归纳为粗糙与光滑、粗犷与细腻、深厚与单薄、坚硬与柔软、透明与不透明等基本特征。

质地是由物体表面的三维结构产生的一种特殊品质，常用来形容物体表面的粗糙与平滑程度，如石材的粗糙面、木材的纹理等。装饰材料的质感在视觉和触觉上同时反映出来，不同的质地所表达的感觉也不同，质感给予人的感受比单纯的视觉感受更胜一筹。自然界的装饰材料多种多样，不同的材料，如金属、陶瓷、塑料、木材、石材、玻璃、橡胶等，它们都具有不同的质地，因而所表达的感觉也不尽相同（表7-1）。

表7-1　　装饰材料的质地与质感

装饰材料的质地与质感	材料图	特点
冷与暖		身体接触的冷与暖感受通常取决于触碰材质的冷或暖质感，在材质方面，硬材料通常给人“冷”的感觉，软材料通常给人“暖”的感觉；在色彩方面，暖色调材料通常给人“暖”的感觉，如红色的木地板，冷色调材料恰好与之相反

装饰材料的质地与质感	材料图	特点
软与硬		许多纤维织物都是柔软材料，如羊毛织物，软绵的触感，摸上去令人整个身心都愉快了起来；棉麻制品，耐用且柔软，可做窗帘和布罩
		砖石、金属、玻璃等都是硬材料，其质感光滑，线条刚硬，经久耐用，保养简单，价格较低，防火性能非常好，但通常触感冰冷
光泽与透明度		常见抛光金属、玻璃、石材等经过加工、光泽度好的材料，其光泽表面的反射作用可扩大环境的空间感，活跃环境气氛
		常见玻璃、丝绸、有机玻璃等透明或半透明的材料，利用透明特性可扩大空间的广度和深度（从空间感上来说，透明材料是开放与轻盈的，而不透明材料是封闭且私密的）
弹性		弹性材料的反力作用带来的感受有：坐在沙发上比坐在硬板凳上舒服，躺在软垫床上比躺在硬板床上舒服 常见的弹性材料包括竹子、藤、木材、泡沫塑料等，主要用于地面、座面等地方
纹理		材料纹理有：水平的、交错的、曲折的自然纹理或人造纹理，善加利用纹理不同的装饰特性能给环境空间带来更多的亮点

二、装饰材料的特性与运用

表面粗糙的装饰材料有石材、粗砖、粗毛织物、未加工的原木等；表面光滑的材料有玻璃、金属、镜面石材、釉面砖、丝绸等。同样是粗糙的质地，不同材料具有不同的质感，如粗布料和凹凸石料背景墙，一个是柔软的粗糙，另一个是坚硬的粗糙（表7-2）。

表7-2 装饰材料的特性与运用

装饰材料	材料图	特性	运用范围
混凝土		在混凝土表层，通过图案与颜色进行有机组合	绿色环保，价格较低廉，耐火性好，具有美观自然、色彩真实、质地坚固等特点，可创造出各种天然大理石、花岗岩、砖、木地板等天然石材的铺设效果
石材		是指具有可锯切、抛光等加工性能，作为饰面材料的石材，包括天然石材和人造石材两大类	具有美学装饰性，用作建筑石材、装饰石材
陶瓷		陶瓷的装饰性能强，对制品也有保护作用，能够有效地将实用性和艺术性有机地结合起来	陶瓷装饰方法有很多种，较为常见的有施釉、彩绘和金属装饰
玻璃		一种较为透明的固体物质，在熔融时形成连续网络结构，冷却过程中黏度逐渐增大并硬化而不结晶的硅酸盐类非金属材料	用作普通平板玻璃、钢化玻璃、磨砂玻璃、压花玻璃等
壁纸织物		在装饰材料中属于成品材料，又称为软材料，壁纸织物的图案丰富多彩，施工方便快捷，因而在生活中得到广泛的应用	适用于作为墙纸、墙布、地毯、窗帘、挂毯、工艺壁画等

第三节　生产与施工技术

一、材料生产与监理

对于设计师来说，材料是进行设计的基本要素之一，材料的选择和施工监理是保证设计意图得以实现的关键要素。材料的使用总是与不同的功能要求及审美观念相关联，它的选择受到工程造价、类型、价格、产地、厂商、质量，甚至人际关系等多种要素的制约。

总的来说，选择设计材料时，首先应考虑设计理念与环境的整体艺术风格，而不应该盲从于流行元素，否则就失去了环境艺术设计本身的创造性。材料的色彩、图案、质地与肌理也是选择的重点，在实际的项目工程中选择材料时要注意以下几点。

1. 实地选材

设计师最好实地选材，切莫轻信店铺内的材料样板。通常展示的材料样板会用白色或灰色的纸板进行衬托，并且由于材料面积较小，一般在调和色的衬托下，任何一种颜色都会显得十分好看。可是这与实际空间中大面积的色彩运用是有一定差距的，如果设计师缺乏经验，很可能造成设计方案与实际效果不符合的现象。

2. 辨别天然材料在色彩与纹样上的差异

可以说没有两块天然材料的色彩和纹理是一模一样的，尤其是石材，由于受到矿源的影响，即使是同一个品种的两块材料，它们在色彩和纹样上都有可能存在较大的差异（图7-22、图7-23）。对于天然材料之间的纹理差异，无论是在选材还是现场安装的过程中，设计师都应亲自参与。

二、施工组织与技术

把一系列的工程作业内容进行分解，并把作业量换算为日或小时，一般称为日工程或小时工程。在施工时，一般都将工程按相同工种进行归类与安排。

1. 工程与工种

在施工过程中，由于需要涉及多个专业的施工人员，合理安排与调度显得尤为重要。要顺利地进行施工，设计师就应该把各种矛盾排除在外，充分考虑和安排各工种的衔接及作业。

工程的表示方法有柱状图表、网络法等多种方法。柱状图表是把主要工程因素的进程以柱状线条表示，简便、直观；网络法，除了表示作业日程或工作量以外，还可以表示各因素之间作业的次序关系。下图是用工程形式表示的集合住宅内部装修系统的工作协调图（图7-24、图7-25），其地面、隔墙等由各专业厂家生产、施工。

图7-22 天然材料

图7-23 人工材料

图7-24 电工进场

电工负责安装装修场地的水电路，一般水电工最先进场，之后才能进行下一步的施工工序。

图7-25 木工进场

木工主要负责现场定制木柜、木门等木工活，通常基础装修基本将要完毕时，木工才进场。

图7-22	图7-23
图7-24	图7-25

2. 工程造价与工时

在内部工程的工时数中，占最大比例的是以木工工程为中心的内部底层工程。木工工程除了柱子、吊顶等的施工以外，还包括板材安装、洞口部位边材、门槛、门框等部位周边工程。而在墙壁及顶棚装修中，线路穿插安装工程量大，因此线路工程所占的工程量也是较多的，所产生的费用也较多。

工程造价由材料费、工时费及各种必要的经费构成。它的计算是把工程量用人（日或时）来表示工时，乘以单位时间（日或时）的工费。根据造价估算书，分析木结构独立住宅的平均成本，可以看出在工种分类中木工工程比重最高，约占四成，而其中约一半是人工费。包括杂工在内的各种住宅设备的施工、安装，及各种内部装修工程的施工都是由木工进行，因此这类木工工程在成本中所占的比例也在增加。

第四节　设计与施工管理

施工监理是项目实施过程中不可缺少的环节，较大的项目通常会聘请专业的施工监理单位。设计师也应在施工阶段亲临现场指导，这样才可能发现一些在制图过程中难以觉察到的问题，使设计方案更具有可操作性，这也是设计师积累实践经验的一个重要途径。

一、设计与施工管理的弊端

1. 没有建立完善的施工组织设计制度

好的施工组织设计制度对施工单位有着很好的指导和约束作用，会促进施工单位在施工过程中有条不紊地进行施工作业，加快施工进度。合理的施工组织设计与管理不仅会缩短工期，降低工程成本，增加效益，在一定程度上，还能够降低安全事故的发生频率，从而保证工作人员生命与财产安全。

2. 欠缺设计与施工管理的技术、人才

科技是第一生产力，体现了科技在生产中的重要性，科技在施工组织设计中也扮演着非常重要的角色。在施工过程中，有了先进的技术，就可以选择更合理的施工方法，从而降低风险，保障施工顺利进行。然而在大多数施工企业中，缺乏先进的施工组织技术，也缺少相关的人才，一些制定施工组织方案的人员缺乏工作经验和过硬的专业素质。

3. 轻视施工组织设计，设计资料流于形式

施工单位对施工组织设计编制工作不重视，在一定程度上降低了施工组织设计资料的真实性、实际操作性。很多编制人员没有认真调查研究实际情况，套用已有工程的施工组织设计资料，使资料缺乏针对性。逐渐地，施工组织设计资料成为应付建设单位和监理单位的工具，失去了应有的指导施工活动的作用。

二、施工管理的建议与对策

1. 建立健全的施工组织设计制度

我国有关部门应该依据国家相关规定，结合我国大多数施工企业组织设计现状，建立并健全施工组织设计制度，从法制上约束施工单位。而且，相关人员应该多搜集施工单位组织设计

资料，定期对制度进行修改，使其更加适合实际情况。

当前我国建筑行业在一定程度上存在分包转包的违法现象，一些不具备相应资质的施工队伍，通过挂靠资质较高的施工单位而获得施工分包。因此，建设单位和监理单位应该对参与工程分包的施工队伍进行严格的资质审查，杜绝低资质企业分包。

2. 积极引进相关技术和人才，保证工程技术

施工单位领导应该重视施工管理，积极引进相关技术和人才。良好的制度是管理系统的基础，但是管理工作的实施仅仅靠制度无法发展壮大，还需要人才和技术来组织和实施，在技术层面上对管理系统进行不断优化。可以通过施工管理软件来指导施工作业，通过现代化的科学技术逐步建立智能、合理的施工管理系统。

3. 完善安全管理体系

首先，施工单位应该从思想上对安全问题重视起来，有意识地将安全管理深入到每一位员工心中，将其融入自己的企业文化。施工单位应该依据相关规范法规，结合自己企业的特点，制定适合自己的安全管理制度。

其次，建立安全生产责任制，明确规定企业职能部门、各级人员在安全管理体系中所担当的角色，使每一位员工时刻牢记自己的职责和义务。切实做到安全工作事事有人管，层层有人抓，检查有依据，评比有标准。

最后，定期组织安全管理宣传活动，使安全观念深入员工内心。定期组织安全管理培训活动，向安全管理工作做得好的企业学习管理经验，从而使自身的安全管理体系得到不断完善。

4. 加强施工质量管理

施工单位应该树立质量方针，编写适合自己企业的质量管理制度；配备业务水平高、专业素质过硬的人员来构建质量管理体系；实行责任制，明确规定各个部门在质量管理体系中的职能，哪个环节出现问题，就由相应的部门负责，做到奖罚分明，杜绝质量管理工作的形式主义。

第五节　案例解析：室内设计材料分析

一、绿城·安吉桃花源（图7-26）

空间分析

“桃花源”取自东晋诗人陶渊明的《桃花源记》，有室外桃源之意，因此，空间中更多的是为营造一份淡然、无欲、自然的“世外”氛围。为求向“桃花源”意境靠拢，空间陈设皆有中国古典家具的意味，仿若仙人在此居住过，一步一景皆有“飘飘然，遗世独立”的悠然意味。

窗帘采用典型的中国古典家居的配色效果；灰与白，常用作古代道教仙人的着装配色，在这里，使得空间多了一份圣洁、飘飘然的意味。

蒲团是用蒲草编织成的圆垫，在古代多为僧人坐禅及跪拜时所用，沿袭至今，现作为坐具使用。

地灯全然不若现代的灯具造型，是在现代灯具形式的基础之上，融入古代图案元素，古典中透出一股现代的气息。

从床上的布艺饰品到窗帘、地毯的搭配，无不显示出飘逸、自然的风格。

床榻的“方与圆”造型与地毯上的祥云图案，细节设计令人称奇。

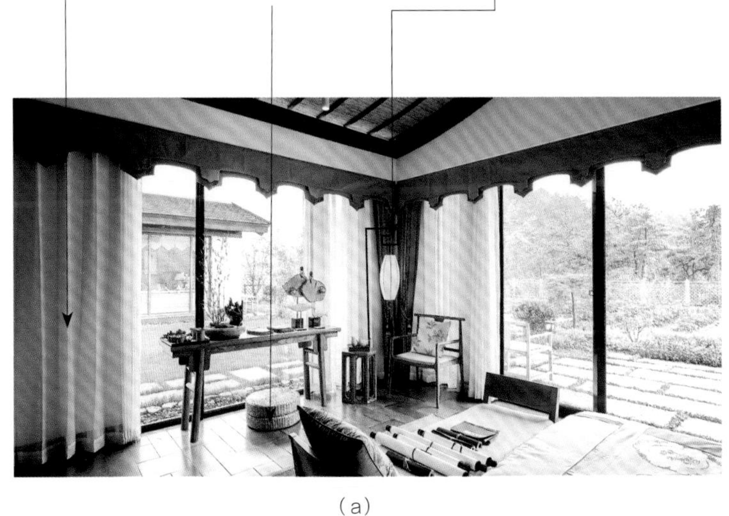

(a)

(b)

(c)

休息室延续了整体设计风格，复古的灯盏透露出田园气息。

建筑采用古代建筑与现代建筑结合的形式。

采用古代最常用的一种回廊形式，且在此基础上进行了改良设计，例如，将传统圆柱改成了方柱。

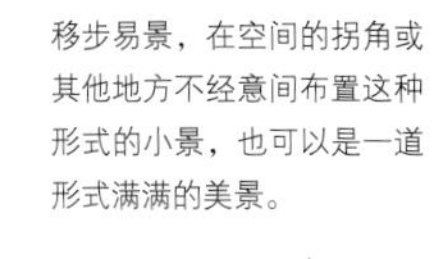

移步易景，在空间的拐角或其他地方不经意间布置这种形式的小景，也可以是一道形式满满的美景。

(d)

(e)

(f)

图7-26 绿城·安吉桃花源样板间设计

二、北欧风格小公寓（图7-27）

床头的陈设品（装饰画、装饰小摆件）基本上都是黑白元素搭配，恰好与空间中的黑白蓝三种颜色的元素相匹配

装饰小摆件，在点缀空间的同时，也与空间的色彩、环境相呼应、统一，营造出舒适、清新的氛围

在空间材质的运用上，整体呈现出冷硬的视觉效果，空间的层次感丰富，浅色与深色之间过渡自然，最终达到视觉上的秩序美感。

（a）

（b）

（c）

图7-27 北欧风格小公寓设计

三、案例总结

熟悉各种土建材料和建筑装修材料（材料的性能、特点、尺寸规格、色泽、装饰效果和价格等），才能正确地选用材料和恰当地搭配材料。生产与管理是环境艺术设计中的重要环节，良好的生产技艺与管理制度，能给企业带来意想不到的收获。

本章小结

环境艺术设计是艺术也是科学，其创作设计过程不仅要遵循一般艺术创作的规律，还要运用最新的科学技术手段，严格按照设计程序，才能最终圆满地实现设计目的。在项目的设计与施工管理中，要遵循相应的章程与规定。

第八章

环境艺术设计案例赏析

识读难度：★★★★★

重点概念：案例、室内外环境、建筑、情感、赏析

章节导读：当今社会环境问题日益突出，人们对环境质量的要求越来越高。目前，环境艺术设计的目标不再是单一的室内外环境设计，而是综合的生态环境系统。环境艺术设计通过艺术的方式和手段，对建筑内部和外部环境进行规划、设计，设计并不是纯粹的“设计”，而是古典与现代、自然与人类之间的有效组合。本章节通过大量的杰出设计实例（图8-1～图8-4），将经典的设计作品及作品的思路、理念展现出来，便于参照学习。环境艺术设计与人们的生活息息相关，优秀的设计能够提供丰富的使用功能，优化人们的生活空间。

图8-1 景观小品设计

人性化的设计既让景观更加赏心悦目，又能修复被污染的生态环境。将水资源有效地围护起来，既能保护水体，也能使之与周围的景观融为一体。

第一节 室内环境设计案例

图8-2 清新北欧风室内设计案例分析

电视背景墙打造为白色的矮柜形式，将电视机镶嵌其中，既节省空间、富有特征，又与室内风格保持一致。

墙壁上的森系色调和树状的墙纸让人仿佛走到了森林一般的童话意境。

沙发色调与墙壁壁纸都是冷色调，带有卡通图案的抱枕与整个室内风格一致。

（a）客厅空间

独特的菱形图案壁纸，在粉色与蓝色的渐变效果搭配下，结合皮艺的床头靠垫，显得档次高而又精致。

金属质感的吊灯外形酷似回形针，结合现代风格的床头柜，让清新典雅的房间顿时有了时尚气息。

（b）主卧室空间

在书房中运用绿色系渐变的波浪条纹的墙纸，营造出安静舒适的工作氛围。

（c）次卧室、工作空间

设计别具一格，在电脑桌下摆放着一排绿植，能够净化空间，也能装饰空间。

（d）局部书桌

丰富的色彩会刺激儿童对颜色的敏感度。

儿童房采用了圆点样式的墙纸，让整个空间看起来温馨又活泼。

（e）儿童房空间

多层次的书柜方便摆放各类图书，找起来也很方便。

（f）儿童学习空间

带有弧度的床沿，在整体暖色调的空间中，很有北欧风的温度。

（g）局部儿童床头柜

粉色的飘窗上摆满了玩偶，给孩子一个梦幻的童年。

（h）局部飘窗

第二节　室外环境设计案例

图8-3 北京朝阳公园设计案例分析

第一道金黄色浮云，象征凤凰，喻意“丹凤朝阳”；第二道银灰色浮云，象征龙，喻意“龙凤呈祥”。

公园南大门为5根红色立柱架托出两道浮云（金黄色、银灰色），正面看为中文字“二十一”，喻意“进入21世纪”。

（a）公园南大门

从远处看，雕塑造型好像一只在爬行的巨型动物；走近看，雕塑每条“腿”上都有爬梯，“身体”部位可以供游客乘坐、滑行。

（b）雕塑游乐设施

从建筑外立面可以看出，这是一座恐怖的鬼屋场馆。

场馆入口造型夸张，给人恐惧、血腥的联想，符合场馆“鬼屋”的主题。

（c）鬼屋入口

低矮的场馆建筑被设计成瓢虫的造型，设计独具新颖，颇为可爱。

（d）场馆入口

现代景区内的售货车并不多见，其小车造型独特，鲜艳的色彩无论是在炎热的夏日，或是寒冷的冬日，都充满着朝气。

（e）公园售货车

“细雨蒙蒙”般的水雾喷景，仿若湖面升腾起一片片的白雾，恍如人间仙境。

喷泉造景在公园内随处可见，此处的喷泉设计并没有烦琐的雕像设计，也没有绚丽的喷景。

（f）世纪喷泉广场

建筑设计是集法国、意大利和美国等国家的艺术构思和技术建造而成的，是典型的欧式建筑造型。

（g）廊道

秋日里，欧式汉白玉栏杆显得格外的洁白无瑕，有了植物、湖泊的衬托，显的越发“优雅”“高贵”。

（h）白玉栏杆

第三节　建筑环境设计案例

图8-4 中山岐江公园设计案例分析

公园在设计上合理地保留了原始风貌，例如最具代表性的植物、建筑物和生产工具，运用现代设计手法对它们进行了一系列的艺术处理。

中山岐江公园的原场地是中山著名的粤中造船厂厂址。

(a)

公园设计追求的是精神与内涵的双重层面，在这一点上，在设计中主要表现在对原场地上的施船坞进行了还原和保留。

(b)

船坞、骨骼水塔、铁轨、机器、龙门吊等原场地上的标志性物体，记录了船厂曾经的辉煌记忆，将公园打造成有历史回忆的文化型公园。

(c)

公园保留了被岁月侵蚀得面目全非的旧厂房和机器设备，并运用艺术手法，将其重新幻化成富于生命的“音符”。

(d)

将船舵与铁路结合在一起，组建成一个新的设计创意点。手握船舵看着前方的湖水，仿佛自己在水中开船。

(e)

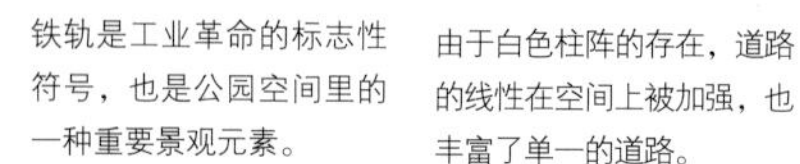

铁轨是工业革命的标志性符号，也是公园空间里的一种重要景观元素。

由于白色柱阵的存在，道路的线性在空间上被加强，也丰富了单一的道路。

(f)

本章小结

环境艺术追求设计的形式美，其核心目的在于优化人们的生活环境，提高人们的生活质量，在满足人们的基本物质生活条件的基础之上，创造良好的精神生活品质。环境艺术设计所提及的人类生活环境，始终围绕着建筑内外来进行，包括室内外环境、建筑环境设计。随着社会的进步，高新技术与新型材料的应用，不断推动着环境艺术设计专业的发展。

参考文献

[1]（芬）奥瑟·瑙卡利恁. 环境艺术[M]. 武汉：武汉大学出版社，2014.

[2] 张一帆. 环境艺术设计初步[M]. 北京：中国青年出版社，2018.

[3] 张书鸿. 环境艺术设计图学[M]. 北京：机械工业出版社，2012.

[4] 何新闻. 环境艺术设计·材料结构与应用[M]. 北京：中国建筑工业出版社，2010.

[5] 李瑞君. 环境艺术设计十论[M]. 北京：中国电力出版社，2008.

[6] 曹晋，汤洪泉，卞冬仙. 环境设计基础[M]. 江苏：江苏大学出版社，2016.

[7] 谌凤莲. 环境设计心理学[M]. 成都：西南交通大学出版社，2016.

[8] 陈华新. 环境艺术综合设计[M]. 北京：高等教育出版社，2015.

[9] 田树涛，金玲，孙来忠. 人体工程学[M]. 北京：北京大学出版社，2018.

[10] 马菁，郭阳，张云霞. 观设计理论与实践研究[M]. 北京：水利水电出版社出版，2016.

[11] 陈根. 环境艺术设计看这本就够了[M]. 北京：化学工业出版社，2017.

[12] 薛娟，王海燕，耿蕾. 中外环境艺术设计史[M]. 北京：中国电力出版社，2013.

[13] 苑军. 中外环境艺术设计简史[M]. 北京：知识产权出版社，2008.

[14] 庄岳，王蔚. 环境艺术简史[M]. 北京：中国建筑工业出版社，2006.

[15] 谷云瑞，中国建筑学会环境艺术专业委员会. 中国环境艺术设计年鉴（第三卷）[M]. 北京：清华大学出版社，2017.

[16] 施丽娜，陈静凡. 环境艺术设计表现[M]. 浙江：浙江人民美术出版社，2010.

[17] 李砚祖，李瑞君，张石红. 空间的灵性·环境艺术设计[M]. 北京：中国人民大学出版社，2017.

[18] 鲍诗度. 中国环境艺术设计[M]. 北京：中国建筑工业出版社，2011.

[19] 鲍诗度，冯信群，王亚明. 环境·设计·时尚[M]. 北京：中国建筑工业出版社，2012.

[20] 张向荣. 环境艺术审美文化研究[M]. 北京：中国纺织出版社，2018.

[21] 曹懿. 生态视角下的环境艺术设计[M]. 北京：中国纺织出版社，2018.